Windhunde

INGEBORG UND ECKHARD SCHRITT

Windhunde

Geschichte Rassen Haltung Erziehung Beschäftigung

KOSMOS

10 – 41
Die Geschichte der Windhunde

- Über 6 000 Jahre Windhundgeschichte 13
- Verbreitung der Windhundtypen und -rassen 23
- Vom frühen zum heutigen Windhund 31

42 – 139
Windhundrassen im Porträt

- Welcher Windhund ist für mich der richtige? 44
- Okzidentale (westliche) Windhunde 46
- Orientalische (östliche) Windhunde 98

140–177
Haltung

- Voraussetzungen für die Windhundhaltung 142
- Auswahl und Erwerb eines Windhundes 151
- Die Ernährung 166
- Die Pflege 170

178–219
Erziehung & Beschäftigung

- Was ein junger Windhund lernen soll 180
- Was kann ich mit meinem Windhund anfangen? 196
- Windhundsport 202
- Die Ausstellung 214

220 – 231
Zucht

> Richtig züchten 222
> Der Züchter 225

232 – 239
Service

> Zum Weiterlesen 234
> Nützliche Adressen 235
> Register 236

Das Geheimnis der Windhunde

Möchten Sie auf unterhaltsame Art und Weise mehr darüber erfahren, wie sich die verschiedenen Windhundrassen in ihrer äußeren Erscheinung unterscheiden, wie sie sich verhalten und welche Pflegeansprüche sie stellen? Oder steht Ihnen der Sinn eher nach einer anschaulichen Kulturgeschichte der Jagd mit den traditionsreichen, pfeilschnellen Gefährten des Menschen? Oder gehören Sie einer ganz anderen Gruppe an und hoffen auf Insiderwissen aus Zuchtstätten und Vorstandsetagen? Seien Sie bitte unbesorgt. Sie müssen sich keineswegs für eine der drei Alternativen entscheiden, denn Ingeborg und Eckhard Schritt verfügen über umfangreiches Expertenwissen aus allen drei Bereichen und geben ihre Einsichten in äußerst verständlicher Form an ihre Leser weiter. Wie ist es möglich, dass ein Paar sich eine solch herausragende Kompetenz erarbeitet? Familie Schritt ist sich treu geblieben. Und sie ist vor allem dem Sloughi treu geblieben. Niemand sonst auf der Welt hat diese Hunderasse derartig unermüdlich und konstruktiv weiterentwickelt. Etliche Jahrzehnte haben sie dafür aufgewendet und zugleich jeder Versuchung widerstanden, den wundervollen Sloughi zu einem Modehund mit irgendeiner Form von Übertreibung werden zu lassen. In seiner vollen Ursprünglichkeit haben sie ihn erhalten, fit und gesund wie eh und je. Durch mehrere Reisen in den Maghreb haben die Schritts dabei nicht nur kynologischen Erkenntnisfortschritt erarbeitet, sondern auch ihre Weltoffenheit kultiviert. Wen könnte es da wundern, dass sie in der vorliegenden Publikation dem kompletten Spektrum der Windhundrassen, egal ob aus Europa, Afrika oder Asien stammend, einschränkungslos gerecht werden? Was das intellektuelle Niveau angeht, werden wir also bestens bedient. Was ich aber noch deutlich wichtiger finde, ist Ihnen wohl am nachvollziehbarsten mittels eines Zitates ans Herz zu legen.

Ingeborg und Eckhard Schritt stellen fest:

„Windhunde zu züchten und zu halten, ist kein Hobby. Es ist eine Lebenseinstellung."

Recht haben die beiden. Treffender kann man das Geheimnis der Windhunde nicht in Worte kleiden. Und Sie, meine Damen und Herren, sind dazu eingeladen, sehr, sehr viel über dieses Geheimnis und sehr, sehr viel über Windhunde zu lernen, und das auch noch auf höchst vergnügliche Art und Weise.

Prof. Dr. Peter Friedrich
Präsident des Verbandes für das
Deutsche Hundewesen

Zwölf Vertreter der Windhunde, Angehörige vier verschiedener Rassen, hüten das Tor zur Kenntnis und zum Verständnis ihrer Herkunft, ihrer Art, ihrer Rassen und des Umgangs mit den kleinen und großen Aristokraten in Hundegestalt.

DIE GESCHICHTE DER WINDHUNDE

Über 6 000 Jahre Windhundgeschichte 13

Verbreitung der Windhundtypen und -rassen 23

Vom frühen zum heutigen Windhund 31

Über 6 000 Jahre Windhundgeschichte

Windhund ist der gängige Name, Hetzhund die alte kynologische Fachbezeichnung für die Hunde, mit denen wir uns im Folgenden beschäftigen. Windhund ist auch der Sammelbegriff für eine größere Gruppe von Hunden, die sich aus zahlreichen, sehr unterschiedlichen Rassen zusammensetzt (FCI-Gruppe 10).

Hunde der Superlative

Windhunde, wie sie heute bei uns vertreten sind, haben einige Superlative zu bieten: größter Hund der Welt (Irish Wolfhound), schnellster Hund der Welt (Greyhound), Vertreter der ältesten Hunderassen der Welt und – was viele Windhundbesitzer aus voller Überzeugung anfügen würden – schönster Hund der Welt. Letzteres ist natürlich subjektiv zu verstehen.

Windhundgeschichte und die Kultur des Menschen

Wer sich mit den Windhunden befasst, verspürt auch das Bedürfnis, etwas über ihr Alter und ihre Herkunft zu erfahren. Ein Einblick in die Entwicklungsgeschichte kann das allgemeine Verständnis für die Windhunde und ihre Bedürfnisse vertiefen. Gleichzeitig ergeben sich daraus Ansatzpunkte für die Windhundhaltung und die Weiterführung der Zucht.

Die bezaubernde Gruppe der Diana mit ihrem Windhundbegleiter aus Stein und dem lebendigen Saluki von heute vereint Mythologie und Gegenwart.

Der Ursprüngliche

Die Geschichte des Windhundes ist eng verbunden mit den Anfängen der Kultur des Menschen. Manchmal hört man das Vorurteil, beim Windhund müsse es sich um eine künstlich geschaffene moderne Extremform handeln. Man empfindet landläufig eine kurzbeinige, kurzschnäuzige und stämmige Hundeform als ursprünglicher und gesünder. Ganz im Gegensatz zu diesem Irrtum gehört der Windhund zu den ältesten Vertretern des Hundegeschlechts. Auf jeden Fall haben wir in ihm den ältesten als solchen identifizierbaren Hundetyp vor uns, der seine ursprüngliche Gestalt durch die Jahrtausende hindurch

Europäische Zeugnisse der Jagd mit Wind- und Spürhunden finden sich bereits in Jagdlehrbüchern des Mittelalters.

Historisches Foto: Stolzer Jäger in Nordafrika, der von Falken und Sloughi begleitet wird, Zeugnis einer Epoche, in der die Jagdtradition noch nach klassischer Art gepflegt wurde.

bewahrte, was einen unmittelbaren Vergleich heutiger Formen mit frühgeschichtlichen Abbildungen erlaubt. In der Tat sind schlanke, langbeinige und athletische Typen die Ursprünglichen. Gut zu Fuß zu sein, schneller zu sein als die anderen, das zählte in gleicher Weise auch für die frühen Menschengruppen, die als Jäger und Sammler ständig unterwegs sein mussten.

Begleiter der Nomaden und Jäger

In dem großen Zeitraum bis 8 000 v. Chr. war der Mensch Nomade und Jäger. Bei der Nahrungsbeschaffung, dem Erlegen von Tieren in freier Wildbahn, war der Hetzhund als Jagdgehilfe von großem Nutzen. Man nimmt heute an, dass die Zähmung des Wolfes vor etwa 27 000 Jahren stattgefunden haben dürfte. Dies wird durch domestikationsbedingte Zahnveränderungen belegt. Der Hund ist somit das älteste domestizierte Tier überhaupt.

Die Mehrzahl greifbarer Zeugnisse und die historischen Zusammenhänge weisen darauf hin, dass der Vordere Orient sozusagen die Wiege der Kultur des Menschen war. Circa 8 000 bis 7 000 v. Chr. begann in Mesopotamien die Sesshaftwerdung des Menschen. Der Ackerbau entwickelte sich und die Züchtung von Schaf und Ziege ist nachgewiesen. Erst von da an wurden auch andere Hundetypen wie die Hütehunde erforderlich. Aus dem Jahr 5 800 v. Chr. datiert die älteste erhaltene Wandzeichnung eines Jägers bei der Hirschjagd mit einem hochbeinigen Jagdhund, der als Windhund zu deuten ist (Südanatolien, Catal Hüyük).

Verbreitung der Windhunde

Kann man davon ausgehen, dass der Vordere Orient auch der Ausgangsort für die Verbreitung des Windhundes war? Die Frage nach dem Entstehungsgebiet des Windhundes ist bis heute strittig. Entwickelten sich Windhundformen nur an einem oder eventuell an verschiedenen Orten gleichzeitig? Diese Fragen sind bisher nicht völlig beantwortet und führten zur Entstehung verschiedener Theorien, die sowohl den asiatischen als auch den extrem nördlichen sowie den afrikanischen Ursprung annehmen.

In Nordafrika und dem einstmals paradiesisch fruchtbaren Gebiet der heutigen Sahara wies die neuere Forschung in der Tat eine erstaunliche neolithische Kultur nach.

Bereits auf 6 000 v. Chr. wird der frühe Ackerbau mit Schafzucht in Libyen datiert, also kaum später als im Vorderen Orient. Keramikfunde aus derselben Zeit stammen aus dem Hoggar, dem Tibesti und dem Acacus-gebirge in Libyen. Anfang des 4. Jahrtausends v. Chr. tritt auch das domestizierte Kurzhornrind auf, sodass man im Gebiet der später austrocknenden Sahara selbst Ägypten voraus war.

Windhunde auf Ausgrabungsstücken

Unter den mannigfach erhaltenen, beeindruckenden Felsgravuren und Felsbildern der Sahara sind auch viele Windhunddarstellungen: Es gibt sowohl wolfsartige Hetzhunde, die die frühen Jäger des 6. Jahrtausends bei der Jagd auf große Wildtiere begleiteten, als auch elegantere, ausgefeiltere

Jungsteinzeitliche Felsmalerei von Tassili n´Ajjer in der Gegend von Sefar (Sahara). Der Jäger wird begleitet von einem Hund des Windhundtyps mit eingerolltem Schwanz und aufgerichteten Ohren.

Formen mit Stehohren und über dem Rücken eng eingerollten Ruten, wie zum Beispiel der Hund von Sefar im Tassiligebirge aus der Zeit um 4 000 v. Chr. Da jedoch in Afrika die wilde Stammform des Haushundes, der Wolf, nicht vorkommt, ist eine eigenständige afrikanische Entwicklung nach dem heutigen Kenntnisstand der Wissenschaft ausgeschlossen. Das bedeutet, dass die Haus- und Windhunde Afrikas, auch die Ägyptens, aus anderen Teilen der Welt eingeführt worden sein müssen, wofür nur Vorderasien infrage kommt.

Bei der Verfolgung der Spuren des Windhundes im Altertum hilft uns die Archäologie und gibt über sein Auftreten Auskunft. Gebrauchs- und Kunstgegenstände, Monumente, plastische und bildliche Darstellungen, bis heute erhalten, erzählen uns die Geschichte der Windhundrassen, verwoben mit der Geschichte der Völker, eingebaut in das Auf und Ab menschlicher Kulturen.

Salukis und Sloughis

Im 4. Jahrtausend v. Chr. hatte sich in Mesopotamien ein Zentrum menschlicher Hochkultur gebildet. Aus diesem Kulturkreis sind uns auch erste Zeugnisse erhalten, Funde aus der Gegend von Ninive, auf denen Windhunde ihrer Rasse nach identifizierbar abgebildet sind. In der 1. Hälfte des 4. Jahrtausends v. Chr. wurden Gegenstände hergestellt, die glatthaarige, hängeohrige Windhunde vom Saluki- bzw. Sloughityp zeigen: Siegel, Vasen, Schüsseln, Becher. Siegelzylinder, die im nördlichen Tigrisgebiet ausgegraben wurden, sind mit solchen Windhunden verziert, die Steppenwild jagen. Eine ähnliche Jagdszene aus dem Ägypten des ausgehenden 4. Jahrtausends v. Chr., die vom Motiv und Stil her an die mesopotamischen Zeugnisse anschließt, wird im Museum zu Oxford aufbewahrt: Die eine Schminktafel schmückenden Windhunde auf der Steppenwildjagd sind glatthaarig und hängeohrig, eindeutige Orientalen. Der Saluki und seine orientalischen Nebenformen werden daher auch von den meisten Wissenschaftlern als die älteste Rasse angesehen.

Die Windhunde in Vorderasien und Asien

Die Präsenz des orientalischen Windhundes im vorderasiatischen bzw. südrussischen Steppenraum können wir uns in Verbindung

Der untere Teil einer Schminktafel aus Ägypten um 3 200 v. Chr. (aufbewahrt im Ashmolean Museum, Oxford) zeigt orientalische Windhunde bei der Jagd auf Steppenwild.

Auf einer Terrakotta aus dem alten Griechenland sind die Figuren typischer Windhunde zu sehen (Britisches Museum, London).

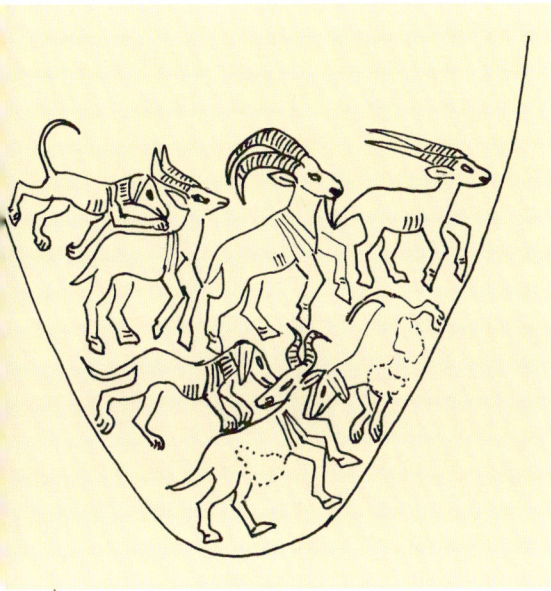

mit dem Nachweis in Mesopotamien ausmalen. Von hier bzw. den späteren Reichen Sumer, Akkad und Assyrien gingen über Handelsbeziehungen die Verbindungen u. a. nach Osten. Hierdurch gelangten die orientalischen Hetzhunde in den Iran und nach Afghanistan, wo sie in abgeschiedenen Gebieten bodenständige Spezialtypen herausbilden konnten. Kunstvoll stilisierte Windhundmotive entzücken noch heute Museumsbesucher, die Keramiken betrachten, die im alten Susa (Iran) in der zweiten Hälfte des 4. Jahrtausends v. Chr. hergestellt wurden. Die weitere Verbindung nach Indien und China liegt auf der Hand.

In Ägypten war parallel zur Euphrat-Tigris-Kultur eine andere frühe Hochkultur am Nil entstanden. Die Ägypter haben uns einen Schatz an Reliefs, Skulpturen, Malereien, Schmuck- und Kultgegenständen hinterlassen. Dadurch gaben sie uns einzigartige Hinweise auf ihre Lebensweise, die afrikanische Fauna und Flora und natürlich ihre Hunde, unter denen man schon bis zu sieben verschiedene Rassen zu erkennen glaubt. Die naturgetreue Darstellung der Tiere macht altägyptische Kunstwerke zu historischen Zeugnissen ersten Ranges.

Afrika und Europa

Ab dem 3. Jahrtausend v. Chr. finden wir auf zahlreichen Reliefs und Wandbildern einen stehohrigen, ringelschwänzigen Windhund: Akteur in der Darstellung von Jagdszenen auf afrikanisches Wild wie Antilopen, Gazellen, Strauße und Hasen. Er wurde von den Ägyptern Tesem (TSM) genannt. Sein

Ägypten ist reich an altgeschichtlichen Zeugnissen der Windhundkultur. Zwei Tesems auf einem Relief aus dem alten Reich (Grab des Ptahhotep).

„Wüstenjagd": Szene mit einem altägyptischem Tesem (aus dem Grab des Ptahhotep).

Pendant findet sich in dem Windhundtyp, der auf den neolithischen Felsbildern der Sahara in ganz Nordafrika erscheint. Formen von auffallender Ähnlichkeit sind noch heute in Mittelwest- und -ostafrika vorhanden. In Europa sind seine heutigen Nachkommen in den stehohrigen Windhundverwandten des Mittelmeerraums und der Kanaren (Pharaonenhunde, Podencos) zu suchen.

Völkerwanderungen und Volksverschiebungen, die im Lauf der Geschichte immer wieder vom vorderasiatischen Stammgebiet des orientalischen Windhundes ihren Ausgang nahmen, haben zweifelsohne den maßgebenden Anteil an dessen Verbreitung. Vorindogermanische und indogermanische Volksstämme, Reitervölker, die aus den südrussischen Steppengebieten nach Süden und Westen zogen, führten ihre Windhunde mit sich und verbreiteten sie so über die Kontinente. Auf diese Weise nahm auch der Windhund, der immer schon eine Kostbarkeit darstellte, seinen Weg von einem Volk zum anderen. Handel sowie der Austausch von Kulturgütern, sei es auf dem Land- oder Seeweg, spielten eine wichtige Rolle dabei.

Ankunft in Kleinasien und im Mittelmeerraum

Im 2. Jahrtausend v. Chr. finden wir den Windhund im Reich der eingewanderten Hethiter in Anatolien (Kleinasien), die sich

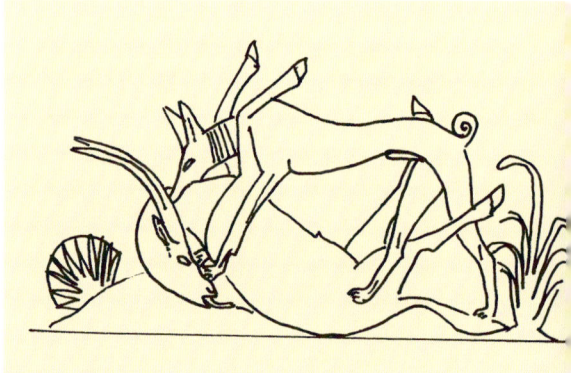

Die Geschichte der Windhunde

Die „Rückkehr von der Jagd" zeigt einen glatthaarigen Windhund mit hängenden Ohren (aus Theben, 15. Jh. v. Chr., Grab des Wesirs Rechme-Re).

als ältestes indogermanisches Kulturvolk die Jagdgewohnheiten ihrer Steppenherkunft bewahrten.

Zu dieser Zeit tauchte der Windhund auch in den aufblühenden Mittelmeerkulturen auf. Zuerst fand er auf Kreta, später in Griechenland eine Basis für seine weitere Verbreitung im Mittelmeerraum. Kreta, das einerseits im Einflussbereich der Hethiter stand und zudem lebhafte Verbindungen zu Ägypten unterhielt, wurde für die westeuropäischen Kulturen ein wichtiges Ausstrahlungszentrum. Sein stehohriger Windhundtyp, der eine auffallende Ähnlichkeit mit dem ägyptischen Tesem hatte, gelangte im Lauf der kommenden Jahrhunderte über Sizilien und die Balearen bis an die iberischen Küsten und ist auf einigen Mittelmeerinseln in recht ursprünglicher Form bis heute anzutreffen. Der kretische Typ ist neben dem ägyptischen Tesem die im Altertum am häufigsten dargestellte windhundartige Form.

Weitere Verbreitung in Ägypten und Griechenland

In Ägypten wird ab dem 15. Jahrhundert v. Chr. der Tesem der alten Dynastien abgelöst durch einen hängeohrigen Windhund mit tief getragener Rute, der dem mesopotamischen bzw. dem asiatischen Typ gleichkommt. Die Einfälle kleinasiatischer Kriegerstämme der Hyksos, ursprünglich indogermanischer Herkunft, mit der bisher unbekannten Ausrüstung von Pferden und Kriegswagen, mögen mit dem Erscheinen des orientalischen Windhundes in Ägypten in Verbindung stehen. Der glatthaarige Saluki und der heutige Sloughi Nordafrikas präsentieren sich als die lebenden Abbilder jenes Hundes, den die vornehmen Ägypter im Neuen Reich zur Jagd führten.

Auch in Griechenland verbreitete sich im Verlauf des 1. Jahrtausends v. Chr. ein neuer, von den anderen in der Antike bekannten Rassen verschiedener Windhundtyp, der sogenannte Lakonier, benannt nach der gleichnamigen Landschaft mit der Hauptstadt Sparta. Er kam wahrscheinlich zusammen mit den Wellen indogermanischer Völker von jenseits des Balkans, die Griechenland besiedelten.

Das römische Mosaik aus „El Djem" (Bardo-Museum in Tunis) zeigt die Jagd der Römer auf nordafrikanischem Boden mit Pferden, glatthaarigen Windhunden und Spürhunden auf Hasen (aus der Periode um 300 n. Chr.).

Der römische Vertragus

Die Römer bevorzugten einen höher entwickelten Windhund, den Vertragus, der sich bald im ganzen damaligen Römischen Reich und seinen Provinzen durchsetzte. Dem Vertragus kommt für Europa größte Bedeutung zu; alle heutigen rosenohrigen Windhundrassen tragen sein Erbe. Sein Einfluss war selbst in Nordafrika zu finden, wo er auf Mosaiken der damaligen römischen Provinzen abgebildet ist.

Dieser Windhund war keltischen Ursprungs; sein Name entstammt diesem Sprachgut. Die Römer hatten den Vertragus und die Technik der Hetzjagd von den Kelten übernommen, als diese bis zum nördlichen Mittelmeerraum vordrangen.

Die Kelten, die im letzten Jahrtausend v. Chr. von Osten kommend nach Europa einwanderten, waren leidenschaftliche Jäger. Sie besiedelten als Hauptsitz Gallien, auch Britannien und Irland. Man findet ihren Vertragus als Motiv in der gallischen Töpferkunst und auf galloromanischen Mosaiken. Die verschiedenen indogermanischen Völkerzüge hatten auch Auswirkungen auf Iberien, wo der Name des bodenständigen Windhundes, Galgo, noch heute an die Gallier erinnert. Durch die Kelten gelangten die Windhunde im 4. Jahrhundert v. Chr. auch

„Große Arth der Wind Hunde, wovon der größere den Schirmer oder Retter vorstellt" nach I. E. Ridinger. Der deutsche Windhund war noch im 18. Jahrhundert (1768) weit verbreitet.

stichen finden wir einen oder mehrere Windhunde, sei es als stilgerechte Teilnehmer höfischen Lebens, sei es als Hauptdarsteller in Jagdszenen oder als schmückende Accessoires. Porzellannachbildungen, Plastiken, Holzschnitte und Reliefs halten die Anmut ihrer Pose und die Grazie ihrer Bewegung bis heute fest. Die Darstellungen von Windhunden bei der Jagd illustrieren alte Jagdlehrbücher und veranschaulichen uns die mittelalterlichen Jagdgebräuche.

Rückgang und erneuter Aufschwung

Die einzelnen europäischen Länder besaßen ihre eigenen Windhunde, meist glatt- bzw. leicht rauhaariger Art, Nachkommen des keltischen oder gallischen Windhundes, in bodenständigen Schlägen. Auch der deutsche Windhund war noch im 18. Jahrhundert weit verbreitet und wurde zu seiner angestammten Aufgabe verwandt; Ostpreußen war seine letzte Zufluchtsstätte. Nach der Französischen Revolution, die die Adelsprivilegien, darunter auch das der Meuten- und Windhundjagd, abschaffte, war auch die große Zeit der Windhunde hierzulande vorbei.

Eine neue große Zeit der Windhunde hat in Europa, wenn auch unter anderen Voraussetzungen, längst wieder begonnen. Jetzt ist es die Freude am edlen Hund, die reine Liebhaberei, die die Windhundhaltung und Windhundzucht zu neuer, nie da gewesener Blüte treibt.

auf die Britischen Inseln. Mindestens seit dieser Zeit soll der Windhund von der Art des heutigen Greyhounds dort heimisch sein. Auch den später von Norden nachrückenden germanischen Stämmen vermittelten die Kelten ihren Typ des Windhundes. Abbildungen und schriftliche Überlieferungen aus der fränkischen Zeit bekunden die Haltung und den Gebrauch des aus der keltoromanischen Kultur übernommenen Hetzhundes.

Die jüngere Vergangenheit des Windhundes

Von der jüngeren Vergangenheit des Windhundes in Europa vermögen uns mittelalterliche Kunstgegenstände lebhafte Vorstellungen zu vermitteln. Auf vielen bekannten zeitgenössischen Gemälden und Kupfer-

Verbreitung der Windhundtypen und -rassen

Von frühgeschichtlicher Zeit an begannen die Windhunde, sich über die Kontinente zu verbreiten, entweder durch Völkerwanderungen oder als Tausch- oder Geschenkobjekte von hohem Wert. Wir finden verschiedene Windhundtypen, die noch heute ihren Stammformen weitgehend entsprechen, in den Kontinenten Europa, Asien und Afrika. Länder, die zunächst keine Windhunde besaßen, übernahmen diese von anderen.

Klassifizierung

Zu den Ursprungsformen kamen im Lauf der Zeit neue hinzu, andere wurden abgelöst, oder Kombinationen entstanden. Obwohl der Körperbau aller Windhunde eine einheitliche Grundform bewahrt hat und unverkennbare Gesamtmerkmale aufweist, haben sich doch in den Sekundärmerkmalen Unterschiede herausgebildet, aufgrund derer die verschiedenen Rassen zu unterscheiden sind.

Klima, Terrain und Spezialisierung in der Jagdverwendung in den verschiedenen Ländern und Erdteilen bedingten die Herausbildung unterschiedlicher Größen, Haararten, Farben sowie anatomischer Details. Analog dazu existieren Unterschiede in Wesen und Temperament. Bei all den verschiedenen bodenständigen Rassen oder Schlägen handelt es sich unbedingt um Zweckmäßigkeitsformen – herausgebildet oder selektiert, um in der jeweiligen Umgebung die jagdliche Bestleistung bringen zu können. Viele Versuche wurden schon unternommen, die Windhunde in Gruppen einzuteilen. Eine exakte Klassifizierung nach übereinstimmenden Merkmalen, möglichst noch zusammengefasst nach gemeinsamen Verbreitungsgebieten, ist jedoch schwierig. Wir nehmen hier eine Zusammenfassung der Typen nach den verschiedenen Ohrformen vor.

Die im Westen heimischen Windhunde (okzidentale Gruppe) haben die folgenden charakteristischen Merkmale:
- Sie besitzen das sogenannte Rosenohr, ein kleines, am Kopf zurückgefaltetes Ohr, bei dem die Muschel nach außen gedreht und voll sichtbar ist.
- Die Rückenpartie ist mehr oder weniger stark gewölbt.
- Allerdings finden wir Vertreter dieser Gruppe auch im Mittleren und Fernen Osten.

Die meisten im Osten beheimateten Windhundarten (orientalische Gruppe) zeigen folgende Merkmale:
- Sie besitzen das Hängeohr.
- Ihre Rückenlinie verläuft meistens horizontal und flach.

Im Mittelmeerraum schließlich finden wir Windhundverwandte (mediterrane Gruppe), die übereinstimmend stehorig sind.

Die beiden bedeutendsten Gruppen sind die westliche und die östliche Gruppe.

Der Azawakh zeigt das für die orientalischen Windhunde typische Hängeohr, die beiden schwarzen Galgos das Rosenohr der okzidentalen Gruppe.

Rosenohrige Windhunde

Die meisten Vertreter der rosenohrigen Windhundgruppe gehören nach Europa. Der markanteste ist der englische Greyhound: glatthaarig, groß, mit gewölbter Rückenlinie und stark gewinkelten Gliedmaßen sowie kräftigen Muskeln – direkter Abkomme des keltischen Windhundes. Er ist der schnellste Windhund auf kurzen Strecken, befähigt zu Blitzstarts und rasanten Höchstleistungen auf Kurzdistanz.

Ähnlich proportioniert, jedoch mittelgroß ist der Whippet. Von den Britischen Inseln stammen neben den ersten beiden auch die rauhaarigen, sehr großen Arten Deerhound und Wolfhound, die, wie ihr Name sagt, in früheren Jahrhunderten zur Hirsch- und Wolfsjagd eingesetzt wurden.

Gleichen keltischen Ursprungs und von ähnlichem Typ wie der Greyhound ist der Galgo Spaniens, daneben der Magyar Agar in Ungarn.

Die kleine Ausgabe desselben Grundtyps und daneben die kleinste Windhundrasse überhaupt finden wir im Italienischen Windspiel.

Den prominenten russischen Barsoi, den Wolfsjäger, groß und langhaarig, muss man aufgrund seiner Rosenohrform und der prägnant gewölbten Rückenpartie ebenfalls zu dieser Gruppe zählen – wie auch den kurzhaarigen polnischen Windhund Chart Polski und den ebenfalls kurzhaarigen russischen Chortaja. Vom Wesen her ist der Barsoi jedoch Asiate.

In China kommt eine glatthaarige Windhundform vor, die an den Greyhound erinnert und auch stark greyhoundblütig sein dürfte. Daneben existiert eine kleine Form dieses Schlags. Auch in Süd- und Westindien

Der rauhaarige Deerhound gehört mit dem leicht gewölbten Rücken und den Rosenohren zur okzidentalen Windhundgruppe. Der Saluki, dem Hängeohren und eine horizontale Rückenlinie eigen sind, ist ein typischer Orientale.

kommen mittelgroße, schnelle Windhundarten vom glatthaarigen, rosen- bzw. kippohrigen Typ vor.

Die in Australien gezüchteten Windhunde sind entweder mit dem Greyhound identisch, oder sie stellen spezielle Kreuzungen, ebenfalls mit starkem Anteil von Greyhound- und Deerhoundblut, zur Kängurujagd dar.

Hängeohrige Windhunde

Die orientalischen Windhunde sind im riesigen mittel- und südasiatischen Raum sowie in Nordafrika beheimatet.

In Nordafrika finden wir den glatthaarigen Sloughi, den arabischen Windhund. Südlich der Sahara schließt sich ein ähnlicher Typ, der Azawakh oder Windhund der Tuareg, an. Im Osten Afrikas kommen Schläge vor, die in der Gestalt dem orientalischen Windhund nicht unähnlich sind, die durch ihre Kippohren und gröberen Körperbau jedoch aus dem Bild herausfallen. Prägnantester Vertreter ist der sogenannte Shilluk-Windhund. Der Saluki, der wohl älteste Orientale, verkörpert diesen Windhundtyp am augenfälligsten. Indem er sich vom nahe verwandten Sloughi fast nur durch seine Befederung unterscheidet, zeigt er das typische Hängeohr, die horizontale Rückenlinie und die hohen, flach bemuskelten Gliedmaßen, die den Orientalen als ausdauernden Langstreckenläufern eigen sind. Mit Sloughis und Salukis wurde alles flüchtige Wild der Steppen gejagt, von Hasen bis zu Gazellen. Sloughis fangen auch wehrhafte Schakale. Der Name Saluki ist arabisch, die typischen Hunde dieses Namens findet man von Saudi-Arabien bis Persien.

In der Türkei nennt man die Rasse Tazi, und so werden auch viele verwandte Schläge in weiteren Räumen Vorder- bis Ostasiens bezeichnet.

Der afghanische Windhund mit seiner außergewöhnlichen Behaarung ist unverwechselbar.

Seltenere Rassen

Zu den weniger bekannten Arten zählen der Kurdische Windhund mit etwas längerem Haar und der kurzhaarige südrussische Steppen-Windhund aus dem Gebiet zwischen Asowschem und Kaspischem Meer. Weitere Unterarten des Tazi kommen in Russland vor, so der Turkmenische und der Kirgisische Windhund. Diese sind im Allgemeinen unbefedert.

Ebenso ist ein solcher glatthaariger Typ in Afghanistan bekannt, der auf die Gazellenjagd spezialisiert ist. Aus Afghanistan stammt ebenfalls der heute bei uns so populäre Afghanische Windhund, der durch die besondere Art seines lang wallenden Haarkleids einen ganz eigenen, unverwechselbaren Typ darstellt. Mit ihm wurde im Gebirge das Steinwild gejagt.

In China kommen Taziformen in befederten und glatthaarigen Varianten vor. Beide sind in künstlerischen Zeugnissen seit rund 2 000 Jahren repräsentiert.

In Nordindien existiert ein sehr kräftiger, glatthaariger Windhundtyp, der Rampur-Windhund, der hauptsächlich zur Hirschjagd verwendet wird.

Zucht in Deutschland

Zusätzlich findet man heute Windhundrassen jeden Ursprungs in Liebhaberkreisen. Amerika und Australien, die früher windhundlosen Kontinente, sind heute gleichermaßen bedeutend in der Zucht. Deutschland selbst hatte um die Jahrhundertwende, als das Interesse an kynologischer Organisation aufkam, keine einheimische Windhundrasse mehr aufzuweisen, obwohl auch bei uns noch bis ins 19. Jahrhundert mit großen glatthaarigen Windhunden gejagt wurde. Sie haben sich aber durch das rigorose Verbot der Windhundjagd nicht erhalten können. Somit gründet die ganze Windhundzucht hierzulande auf Importen; teils aus einer Periode, die nun bereits über 100 Jahre zurückliegt, teils aber auch ganz aktuell.

Der Rauhaarige aus dem kühlen Norden: Der Irish Wolfhound, der auch das Attribut „Größter Hund der Welt" trägt.

Von den ca. 30 verschiedenen Windhundrassen, die uns heute bekannt sind, sind 13 Rassen in Europa „heimisch" geworden. Ihre Standards sind bei der FCI (Fédération Cynologique Internationale) hinterlegt, und sie sind damit offiziell zu Ausstellungen und zum Windhundsport zugelassen.

Alle Windhundstandards findet man im Internet auf den Seiten des Deutschen Windhundzucht- und Rennverbandes e. V. unter www.dwzrv.com.

Standards

Wenn man die Standards betrachtet, sieht man, dass Großbritannien und Irland ihre eigenen Rassen bewahrt haben und gleichzeitig Vorreiter beim Import orientalischer Rassen waren. Mit den Exoten kamen sie vor allem deshalb in Berührung, weil Britannien seine Kolonialarmee bis in den Fernen Osten sandte. Allein bei fünf Standards für Windhundrassen ist Großbritannien federführend und beim sechsten Irland. Vier davon sind britische bzw. irische Rassen: Greyhound, Whippet, Scottish Deerhound und Irish Wolfhound. Zwei sind Exoten: Afghane und Saluki.

Drei europäische Länder haben sich vor wenigen Jahren auf ihre alten nationalen Windhundrassen besonnen und deren Standard erstellt: Spanien für den Galgo Español, Ungarn für den Magyar Agar und Polen für den Chart Polski. Frankreich hatte jahrzehntelang das Patronat für den Sloughi, bis sich Marokko 1973 seiner Nationalrasse selbst annahm. Der Azawakh aus der Süd-Sahelzone Afrikas wird von Frankreich verwaltet. Für Windspiele, die schon mindestens seit dem Mittelalter in ganz Europa zu Hause sind, hat Italien als traditionell angenommenes Heimatland die Standardführung beansprucht.

Für den Barsoi hat sich die internationale Windhundkommission der FCI zuständig erklärt, nachdem die kynologische Verbindung zum nachrevolutionären Russland unmöglich war.

In der Welt zu Hause

Windhunde aller standardisierten Rassen wurden im Verlauf des vorigen Jahrhunderts in Deutschland eingeführt und eingebürgert. Sie werden heute hier betreut und gezüchtet, teilweise in sehr bedeutenden Zahlen. Das Ausstellungswesen und der Windhundrennsport haben einen ganz wesentlichen Anteil an der internationalen Verbreitung der Windhunde. Durch die Möglichkeiten des modernen Tourismus hatte schon mancher Hundeliebhaber die Gelegenheit, Windhunde aus ihrer fernen Heimat mitzubringen. Manche Rasse aus entlegenen Gebieten wird auf diese Weise vielleicht in Zukunft der Kynologie neu vorgestellt und womöglich sogar populär werden.

DIE SCHÖNHEIT UND DER ADEL
DER WINDHUNDE VERZAUBERN SEIT
JAHRTAUSENDEN.

IHRE SCHNELLIGKEIT, GEPAART MIT
LEIDENSCHAFT, IST WIE EIN PFEIL,
DER DEN BOGEN VERLÄSST.

WINDHUNDE MIT IHREM WESEN UND
IHRER ANMUT GLEICHEN EDELSTEINEN
AUS DER HAND DES SCHÖPFERS.

Ingeborg und Eckhard E. Schritt

Vom frühen zum heutigen Windhund

Damit man die Windhunde besser kennenlernt, ist es wichtig zu wissen, wie sie früher gehalten und nach welchen Gesichtspunkten sie gezüchtet und selektiert wurden. Der Schlüssel zum Verständnis ihres Wesens ist ihre Tradition, ihre Verwendung.

Wie wir am Anfang feststellten, ist die Geschichte des Windhundes so alt wie die frühesten menschlichen Kulturen. Beim Windhund handelt es sich wahrscheinlich um den ersten Gehilfen des Menschen: gezähmt und gezüchtet, das flüchtige Wild zu verfolgen – der verlängerte Arm seines jagenden Meisters, weit über den Radius aller mechanischen Waffen hinaus –, an Schnelligkeit dem schnellsten Wilde gleich. Bis heute blieb die charakteristische Gestalt des Windhundes unverändert: hochläufig, geschmeidig, ganz ihrem Zweck entsprechend. Auch in Wesen, Charakter und Instinkt gleichen die heutigen Windhunde ihren Ahnen.

Tradition des Windhundes

Das Leben der Windhunde verläuft noch heute bei manchen Volksstämmen im Orient getreu uralter Tradition. Wir treffen sie an wie vor Zeiten, unverändert im äußeren Erscheinungsbild und im Gebrauch: neben den Reittieren Pferd oder Kamel, neben dem Jagdgefährten Falke, im Besitz von Wüstennomaden, die ihre Zelte aufschlagen, oder in Koppeln gehalten und eingesetzt zum exklusiven Jagdsport orientalischer Scheichs. Während es sich bei der in hochgestellten Kreisen gepflegten Windhundjagd um ein zum Vergnügen veranstaltetes Ereignis handelte, diente die Windhundjagd bei den Beduinen der Nahrungsbeschaffung. Saluki und Sloughi waren und sind teilweise noch heute die Fleischversorger der Familie. Daher befinden sie sich auch heute noch in enger Lebensgemeinschaft mit ihren Besitzern. Sie gehen im Zelt ein und aus, sie werden versorgt und betreut, wogegen die Wachhunde stets auf Distanz bleiben und sonstige Hunde als gemein gelten. So genießt der Windhund im Orient eine – im Vergleich mit anderen Hunderassen – unvergleichliche Vorzugsstellung.

Hunde des Adels

Über den Orient hinaus war der Windhund schon früh in der antiken Welt, auch in Europa, verbreitet. Offensichtlich war in dem uns recht gut bekannten Zeitraum, der 1 000 Jahre vor Christi Geburt beginnt und mit der neueren Zeit endet, die Haltung und der Gebrauch von Windhunden ausschließlich Privileg von Angehörigen der herrschenden Oberschicht. Windhunde waren seit je eine Kostbarkeit. Sie stellten ein exklusives Statussymbol dar und waren daher auch nicht wie irgendeine Ware käuflich oder verkäuflich. Sie wechselten höchstens bei besonderen Anlässen als fürstliche Geschenke den adligen Besitzer.

Pferd, Sloughi und Jäger in Marokko.

„Der Aristokrat unter den Hunden – der Hund der Aristokraten." Keinem Bürgerlichen kam dieses Recht zu, und kein Bürgerlicher hatte deshalb auch je einen Windhund in Besitz.

In den Weiten des zaristischen Russlands stellte die Jagd mit Barsois auf den Wolf eine der exklusivsten Sportbetätigungen der herrschenden Oberschicht und der Großgrundbesitzer dar. In unseren europäischen Ländern war die Jagd mit dem Greyhound bzw. ihm ähnlichen Regionalrassen ausschließlich dem Adel vorbehalten. Lediglich die Whippets, die entwicklungsgeschichtlich die jüngste Windhundrasse sind, stellen so etwas wie einen revolutionären Windhundtyp dar, der gerade deshalb gezüchtet und gefördert wurde, um damit die alten Privilegien der Windhundjagd brechen zu können.

Neue Aufgaben

Heute haben sich die Zeiten gewandelt. Der Adel mit seinen Vorrechten und dem großen Ländereibesitz hat seine frühere Rolle verloren. Die freie Jagd mit dem Windhund ist weitgehend unmöglich geworden. Durch die geschichtlichen und soziologischen Entwicklungen haben die Windhunde bei uns ihre eigentliche Aufgabe verloren. Windhundzucht ist in „bürgerliche" Hände übergegangen.

Obwohl wir schon lange nicht mehr auf die Dienste des Windhundes angewiesen sind und die Jagd weitgehend nur noch mit mechanischen Hilfsmitteln betreiben, ist der Windhund bei uns heimisch. Ja, er wird zunehmend beliebter. Jetzt kommt ihm seine Schönheit zugute, um derentwillen er geliebt und bewundert wird. Motiv für die Windhundzucht ist nicht mehr der Nutzeffekt, den man aus seinen Jagdeigenschaften zieht, sondern einfach der Reiz, der in seiner außergewöhnlichen Erscheinung und seinem interessanten Wesen liegt. Die Jagdeigenschaften prädestinieren ihn zu sportlichen Wettkämpfen, in denen der moderne Mensch und der heutige Windhund eine neue Betätigung finden.

Die ästhetische Schönheit und der distinguierte Charakter begeistern heutige Windhundfreunde.
1 ein Sloughi
2 zwei Greyhounds

Rennsport

In Ländern, wo gewerblicher Windhundrennsport betrieben wird, wie zum Beispiel in England, Spanien und Amerika, ist die Situation allerdings schon wieder eine andere. Dort ist die Windhundzucht wohl zweckbestimmt. Es geht jetzt um die Zehntelsekunden im Cynodrom und den damit verbundenen Gewinn im Wettgeschäft.

Bei uns und in vielen anderen Ländern wird der Windhundrennsport rein als Ausgleich für den Hund und aus Freude am sportlichen Kräftemessen betrieben. Er dient der artgemäßen Beschäftigung der Windhunde und stellt damit eine tierschützerische Maßnahme dar, die an die alte Tradition der Windhunde anknüpft.

Äußere Erscheinung

Mit den verschiedenen Windhundrassen begegnet uns eine Gruppe von Hunden, die sich sowohl durch ihre äußere Erscheinung als auch durch ihre besonderen Eigenschaften stark von allen anderen Hunden unterscheidet.

Den Windhunden sind besondere anatomische Proportionen eigen: ein in der Tiefe enorm ausgeprägter Brustkorb, eine stark aufgezogene Bauchpartie, hohe schlanke Läufe, ein spannkräftiger Rücken, ein langer Hals und ein langer schmaler Kopf.

Der Knochenbau der Windhunde an sich ist feiner und zarter als der anderer Hunde, denn für die Hochgeschwindigkeit ist ein möglichst geringes Knochengewicht wichtig. Das Herz und die Lunge sind wesentlich stärker entwickelt als bei anderen Hunden. Durch ihre ausgefeilte Anatomie und ihre stolze Haltung wirken Windhunde ausgesprochen elegant. Ihrer Gestalt sieht man ihre Bestimmung an – das Laufen, das Jagen. Ihr Körperbau lässt ihre dominierende Eigenschaft erkennen – ihre ungeheure Schnelligkeit, mit der sie jede andere Hunderasse übertreffen.

Windhunde sind Sichthunde. Aufmerksam und scharfsichtig hat der Galgo Español alles im Blick.

Schlank und rank

Ein Windhund in guter Kondition ist schlank und trocken. Ja, bei den kurzhaarigen Rassen soll man die Rippen und Hüftknochen sehen, ebenso das Spiel der Sehnen und Muskeln. Die Muskeln sind übrigens die einzigen Körperpartien, in denen die Windhunde „Masse" zeigen.

Unveränderte Gestalt

Die ganz besondere Gestalt der Windhunde wird nicht etwa, wie manche Beobachter irrtümlich schließen, durch mangelhafte Fütterung erreicht. Die kraftvolle, federnde Schlankheit bei seidig glänzendem Fell ist vielmehr das Ergebnis einer hochwertigen Fütterung, verbunden mit artgerechtem Auslauf.

Auch die manchmal von Unwissenden vorgebrachte Vermutung der Überzüchtung geht fehl. Gerade Windhunde präsentieren sich in einer seit Jahrtausenden unveränderten Gestalt, die ihnen körperliche Höchstleistungen ermöglicht, verbunden mit äußerst wachen Sinnen. Dabei ist der normale Windhund von großer Zähigkeit, charakterlicher Ausgeglichenheit und Nervenstärke.

Die Gestalt des Windhundes ist ausgewogen und vollkommen ausgerichtet auf die Betätigung, die für das Laufwesen Hund und seine Vorfahren zu allen Zeiten normal war: das Laufen und Rennen. Das Nebenprodukt sozusagen ist eine ästhetische Schönheit, eine Leichtigkeit wie die einer Gazelle, mit deren Schnelligkeit der orientalische Windhund sich misst.

Sinne

Wie orientiert sich der Hund im Allgemeinen? Er benutzt seinen Geruchssinn, seine Nase. Auch die Jagdhunde arbeiten mit der Nase an der Fährte. Der Windhund dagegen gebraucht in erster Linie seine Sicht, was ihn von allen anderen Hunderassen deutlich unterscheidet. Im Freien sieht man ihn nicht mit der Nase am Boden, es sei denn, eine sehr aufdringliche Duftspur fände sich am Weg. Vielmehr trägt er seinen schlanken Hals hoch aufgerichtet, und sein waches Auge blickt aufmerksam spähend in die Runde. Windhunde sind ungemein scharfsichtig. Noch die kleinste Bewegung im weit entfernten Feld oder am Horizont wird wahrgenommen. Auch das Gehör ist gut ausgeprägt. Da das Entstehungsgebiet der Windhundrassen die weite Steppe und wüstennahe Regionen sind, lässt sich leicht verstehen, warum ihnen eine scharfe Sicht weit nützlicher war als ein ausgeprägter Geruchssinn. Den Lauf der Beute in weiter Landschaft mit dem Auge zu verfolgen und gleichzeitig ihren Fluchtweg in rasantem Lauf nachzumessen war hier stets der Erfolg versprechendste Weg zum Ziel.

Leise Jäger

Windhundeigenart ist es auch, lautlos zu jagen. Der Windhund in Aktion verschwendet seine Kraft nicht mit Gebell. Ein Verbellen wäre schon deshalb sinnlos, weil der Windhund und das gejagte Wild schnell außer Hörweite des menschlichen Begleiters gelangen. So wird man den Windhund

Federnde Sprungkraft ist dem Azawakh eigen und wurde traditionell zur Jagd auf regionales Wild genutzt.

höchstens auf der Rennbahn beim Warten auf seinen Start vor Ungeduld fiebernd Laut geben hören. Dass die meisten Windhunde auch sonst nur dann bellen, wenn es etwas Besonderes zu vermelden gibt, wird man sicher als angenehm empfinden.

Bemerkenswert ist der gute Orientierungssinn der Windhunde. Sie finden selbst in unbekanntem Gelände mit unerhörter Sicherheit zu ihrem Ausgangspunkt zurück, auch wenn sie kilometerweit gelaufen waren. Der Besitzer braucht deshalb auch nicht mutlos zu werden, wenn sein Windhund beim Spaziergang im Freien einmal eine Zeit lang verschwunden sein sollte. Er sollte dort warten, wo der Hund weglief, und sich nicht auf eine meist aussichtslose Suche begeben. Das Tier kommt in aller Regel dorthin zurück.

Jagdtrieb

Windhunde werden in der Kynologie als Hetzhunde definiert. Ihre Bestimmung von alters her war die Jagd in den Steppen Europas, Asiens, Afrikas und noch heute in den ausgedehnten Halbwüsten des Orients.

Jagdmosaik aus der römischen Periode im heutigen Tunesien vor ca. 2000 Jahren

Viele Hunderassen, besonders die hochbeinigen, haben den Trieb zu laufen und auch zu verfolgen. Viele Hunde folgen ihrem Instinkt und jagen, spielerisch oder ernsthaft, oder würden es tun, wenn sie nicht durch strenge Erziehungsmaßnahmen daran gehindert würden. Bei manchen ist dieser Trieb auch verkümmert, und aus anderen Rassen wiederum wurde dieser wölfische Urinstinkt ganz herausgezüchtet. Entsprechende Selektion machte aus ihnen ortstreue Wach- und Hütehunde.

Windhunde besitzen traditionell jagdliche Eignung. Bei solchen Stämmen, die noch bis vor Kurzem zu diesem Zweck gezüchtet wurden, ist er ausgeprägt; in Zuchten, die auf Renneigenschaften Wert legen, ebenfalls. Bei anderen, die vielleicht schon lange in „zivilisierten Ländern" nur auf Schönheit gezüchtet wurden, mag er gelegentlich nachgelassen haben.

Leidenschaftliche Sichtjäger

Die arteigene Leidenschaft ist es, die sie allem folgen lässt, was sich in einer bestimmten Weise bewegt. Schon die Welpen treiben Verfolgungsspiele untereinander; sie interessieren sich spielerisch für Objekte, die vor ihnen hergezogen werden. Die Bewegungen, die zum Beispiel in der Natur durch den Wind hervorgerufen werden, ziehen sie an. Der Windhund folgt dem, was sich von ihm fortbewegt, und jagt dem hinterher, was eine schnelle Flucht andeutet. Das, was stehen bleibt, verliert sein Interesse. Die Bewegung zieht ihn magisch an.

Diesen Instinkt machten sich auch die Windhundjäger zunutze, wenn sie die Hunde auf flüchtiges Wild ansetzten. Eine bestimmte Technik, zum Beispiel bei der Konfrontation mit wehrhaftem Wild, wurde eingeübt. Auf freier, deckungsloser Fläche folgt der Windhund in atemberaubender Aktion dem aufgeschreckt flüchtenden Wild. Erreicht er die Beute, beendet der erfahrene Windhund die Jagd meist mit einem einzigen Zupacken im Genick. Großes Schalenwild vermag er in rasendem Lauf so zu Fall zu bringen, dass es tödlich stürzt, oder aber er hält es, bis der reitende Jäger es übernimmt.

Viele Windhunde sehen in dem Moment, wo die Beute sich nicht mehr bewegt, die Sache als erledigt an. Die Faszination besteht im Verfolgen – das erbeutete Tier hat den Reiz verloren. Der gut trainierte Jagdwindhund erwartet „seinen Teil" aus der Hand seines Meisters.

Der Whippet auf der Coursingstrecke gibt sich mit Leib und Seele dem Rennen hin.

Windhunde sind induviduelle Persönlichkeiten und machen sich „ihre eigenen Gedanken". Hier zwei Salukis.

Unterschiede zu Jagdhunden

Windhunde waren Hunde für die Jagd. Sie sind aber nicht gleichzusetzen mit dem, was wir landläufig unter Jagdhunden verstehen. Unsere Jagdhundrassen, abgerichtete Gehilfen des Menschen, sind darauf spezialisiert, einen bestimmten Part bei der Jagd zu übernehmen, wie zum Beispiel Aufstöbern, Vorstehen, Zutreiben, Apportieren oder dergleichen. Windhunde sind zumeist Solojäger; das heißt, sie sichten, verfolgen und erbeuten das Wild selbstständig, eventuell auch als Paar.

Diese Jagdleidenschaft veranlasst die Hunde auch, auf der Rennbahn einer Attrappe zu folgen, die sich in einer bestimmten Geschwindigkeit von ihnen wegbewegt. Dabei macht es keinen Unterschied, ob die Attrappe echt aussieht oder ob es sich nur um einen Fetzen Stoff handelt. Diese Renn- und Jagdleidenschaft macht es möglich, den Windhunden auf der Rennbahn eine Art Ersatzhetze zu bieten, die ihrem Instinkt entspricht und dabei auch ihr Laufbedürfnis befriedigt.

Wesen und Temperament

Windhunde sind anders – das zeigt sich besonders auch in ihrem Wesen. Der Windhund ist vielleicht die am wenigsten „hündische" unter allen Rassen. Wie soll man beschreiben, was den Unterschied ausmacht? Man trifft es am besten im Vergleich mit einer anderen Tierart – der Katze, zu deren Wesen es viele Parallelen gibt.

Das trifft besonders auf die Orientalen unter den Windhunden zu. Sie besitzen ein

in sich ruhendes Wesen, sind über viele Dinge „erhaben", wirken ruhig und stolz. Ein Windhund kann seinem Besitzer minutenlang in die Augen blicken, ohne den Blick abzuwenden. Dabei hat man keineswegs den Eindruck, er fühle sich dem Menschen irgendwie unterlegen. Man meint, in ihm manchmal etwas Mystisches wahrzunehmen.

Stolz und Unabhängigkeit

Der Windhund ist kein Sklavengeist, kein Befehlsausführer im Sinne von „zackigem Parieren". Bei der Zucht der Windhunde war nicht die Dressurfähigkeit auf absoluten Gehorsam Zuchtziel. Dadurch unterscheiden sie sich von den Hunden, die wir landläufig als Gebrauchshunde verstehen. Wir sollten diese Eigenschaft also bei ihnen nicht voraussetzen. Dadurch, dass Windhunde den Dressurwünschen des Menschen weniger zugänglich sind, sind sie keineswegs etwa „dümmer" als andere darauf spezialisierte Rassen. Sie sind nur anders begabt.

Viele Hunderassen sind zu Spezialisten gemacht worden. Sie können zu verschiedenen Arbeiten, wie zum Beispiel Fährtensuchen, Apportieren, Hüten, Wachen, Schützen, und dem Ausführen verschiedener Kommandos abgerichtet werden.

Auch Windhunde sind letzten Endes Gebrauchshunde, nur waren ihre Aufgaben in der Vergangenheit anders ausgerichtet. Für die Jagd der Windhunde war nicht das starke Abhängigsein von den unmittelbaren Befehlen des Menschen erforderlich, sondern im Gegenteil: größte Selbstständigkeit, Eigenüberlegung, Eigenentscheidung und auf sich gestelltes Handeln in ihrem Metier.

Partnerschaft mit einem Individualisten

Der Windhund ist ein Tier, das den Menschen eigentlich gar nicht brauchte. Er könnte selbstständig leben und sich ernähren. Er leiht jedoch seinem Besitzer, wie das noch heute in einigen Erdteilen der Fall ist, seine Dienste. Er versorgt seinen Herrn mit Fleisch. Im Grunde wäre er existenziell unabhängig. Das manifestiert sich dann auch in seinem Wesen, in stolzer Selbstständigkeit.

Nun sind Windhunde zwar im zivilisierten Europa ihrer Jagdaufgabe ledig. Eine

Der Windhund, das Familienmitglied. Mitten im Familienleben fühlt er sich so richtig wohl.

1 Eine Azawakh-Freundschaft
2 Der Sloughi und das jüngste Familienmitglied sind auch im Schlaf unzertrennlich.
3 Das Windspiel folgt dem kleinen „Meister".

will oder Dinge von ihm verlangt, die er nicht geben kann, wird mit ihm nicht glücklich werden. Gleichermaßen wird er den liebenswerten Windhundcharakter zerbrechen.

Und auch ein Familienhund

Dabei ist dieser eigenständige Windhund zärtlich und liebevoll in seiner Freundschaft zum Menschen. Er nimmt seinen Platz in der menschlichen Familie als voll integriertes Mitglied ein. Er ist eingerichtet auf ein inniges Verhältnis im Zusammenleben mit seinen Menschen. Er schätzt die nächste Nähe zum Menschen und genießt dessen Zuneigung mit großer Genugtuung.

Es gibt zwar auch hier Unterschiede von Rasse zu Rasse, sodass die eine Art als reservierter und die andere als kontaktwerbender beschrieben werden kann. Diese Einzelheiten mögen aus den Rassebeschreibungen entnommen werden. Auch zwischen einzelnen Individuen oder Rüde und Hündin kommen Unterschiede vor. Es kann und muss jedoch übereinstimmend festgestellt werden, dass der Windhund den engen Familienanschluss sucht.

jahrtausendelange Lebensweise nach diesem Prinzip lässt sich jedoch nicht einfach auslöschen. Der Windhund jagt heute nicht mehr frei, er ist aber der stolze Individualist geblieben. Als Partner schenkt er dem Menschen seine Freundschaft – jedoch muss diese Beziehung auf Gegenseitigkeit beruhen. Ein Besitzer, der ihn in eine nicht seiner Art entsprechende Lebensform hineinpressen

Gegensatz Windhund

Manche werden im Windhund ein lebhaftes, unruhiges Tier vermuten, das in der Wohnung nur unter Schwierigkeiten zu halten ist. Das Gegenteil ist der Fall. Im Haus sind Windhunde so ruhig, dass sich ihre Anwesenheit kaum bemerkbar macht, auch dann nicht, wenn mehrere Hunde gehalten wer-

den. Dabei ist es die Eigentümlichkeit der Windhunde, dass die kleineren Rassen die lebhafteren sind. Je größer die Rasse, desto ruhiger und gelassener sind sie.

Zwei Seelen wohnen sozusagen in der Windhundbrust. Auf der einen Seite ein ruhiger, sanfter Hausgenosse, der die Bequemlichkeit liebt; er verachtet den Komfort keineswegs und lässt sich verwöhnen. Auf der anderen Seite geballte Energie, wenn sein Einsatz kommt. Ein harter Jagdhund, der im rasenden Lauf alles hergibt und selbst Verletzungen nicht beachtet, wenn er sein Ziel verfolgt.

Eigenwillig und doch anhänglich

Alles jedoch zu seiner Zeit: Der Hund, der so verträumt zu Hause ruht, in liebevollem Blickkontakt mit seinem Besitzer, derselbe Hund, der im Haus stets die nächste Nähe seines Menschen aufsucht, dieser Hund mag bei Gelegenheit im freien Auslauf seine Bahn ziehen – auf und davon, wie es aussieht. Er scheint den Ruf oder Pfiff seines Besitzers nicht zu hören, er scheint dessen Existenz vergessen zu haben.

Dann kommt der Hund zurück – freiwillig, unaufgefordert, nachdem er seinen Lauf beendet hat, nachdem er erkundet hat, was er erkunden wollte. Er ist also doch nicht blindlings losgelaufen, er findet seinen Herrn selbst dann, wenn dieser schon weitergegangen ist.

Das ist das Faszinierende: das scheinbar Gegensätzliche. Gelassenheit und energiegeladene Aktion, Unabhängigkeit und Sich-Anschließen, Eigenwilligkeit und liebevolle Partnerbeziehung, Freiheit suchen und freiwillig zurückkehren. (Natürlich kommen viele Windhunde auch auf Ruf zurück. Und wenn nicht auf den ersten, dann doch auf den zweiten oder einen späteren.)

DIE HÄUFIGSTEN WINDHUNDRASSEN IM PORTRÄT

Welcher Windhund ist für mich der richtige? 44

Okzidentale (westliche) Windhunde 46

Orientalische (östliche) Windhunde 98

Welcher Windhund ist für mich der richtige?

Die Beschreibung der Windhunde verführt dazu, poetisch zu werden und Worte oder Vergleiche zu suchen, die dem Reiz jeder einzelnen Rasse in etwa gerecht werden. Die Feder sträubt sich dagegen, nur sachkundliche Hinweise nach Zweckmäßigkeiten zu geben und von Vor- oder Nachteilen zu sprechen. Eigentlich sollte man sich nicht in erster Linie von nüchternem Für und Wider leiten lassen.

Man sollte, wenn irgend realisierbar, ruhig die Zuneigung sprechen lassen. Für die Rasse oder das Tier, in das ich mich „verliebe", bin ich auch bereit, Kompromisse einzugehen oder Opfer zu bringen. Windhunde sind Tiere, von denen man sich ruhig bezaubern lassen darf. Selbst wenn die Voraussetzungen zur Haltung noch nicht von vornherein alle vorhanden sind – vielleicht kann ich mich arrangieren, manches Notwendige doch möglich machen. Wer hat sich nicht schon für seinen Windhund umgestellt und Widrigkeiten überwunden?

Das ist natürlich auch der Prüfstein für die Begeisterung für die eine oder andere Rasse. Verlange ich nur, dass das ausgewählte Tier sich an meine Verhältnisse anpasst, oder bin ich bereit, gegebenenfalls auch meine Verhältnisse etwas umzugestalten? Beides zusammen würden wir uns für den neuen Windhundbesitzer wünschen. Dass er ein Tier der Rasse bei sich aufnehmen kann, der seine Liebe gilt, und dass er dem Tier auch das zu geben vermag, was es braucht.

Einzelne Wesensmerkmale

Bei der Charakterisierung der einzelnen Rassen soll eine Schwierigkeit nicht verschwiegen werden. Man kann keine Schablone aufstellen, in die alle Exemplare einer

Galgo Español

Rasse hundertprozentig hineinpassen. Tiere, und besonders so hoch entwickelte wie Hunde, sind Individuen, und ihre Temperamente können – auch innerhalb einer Rasse – durchaus variieren. Auch bei den Menschen sind nicht alle Engländer oder alle Italiener aus ein und demselben Holz. Dennoch werden sich viele übereinstimmende Charakteristika bei ihnen finden. In gleicher Weise gibt es auch eine Summe von Eigenschaften, die Tiere einer Rasse gemeinsam aufweisen.

Die nachfolgenden Beschreibungen sind jenen 13 Windhundrassen gewidmet, die heute in Mitteleuropa am häufigsten vertreten sind und deren Rassekennzeichen in einem Standard festgelegt wurden, der bei der Fédération Cynologique Internationale (FCI) geführt wird (siehe www.dwzrv.com). Sie alle werden in Deutschland gezüchtet und sind auf windhundsportlichen Veranstaltungen anzutreffen.

1 *Whippet*
2 *Afghane*
3 *Barsoi*

Okzidentale (westliche) Windhunde

Die glatthaarigen europäischen Windhunde, insbesondere Greyhound und Whippet, sind das Richtige für rennsportbegeisterte Liebhaber mit Spaß am Wettkampf. Diese Hunde sind prädestiniert für die Rennbahn; ja, die heute ausgeübte Form des Windhundrennens wurde für sie geschaffen, und sie wurden in jahrzehntelanger Zuchtauswahl für diese Rennart gezüchtet, das heißt, ihre Zucht wurde danach ausgerichtet.

Sanfte Athleten

Zuchtziel war daher ein vom Charakter her sanfter, mit seinen Renngenossen verträglicher Hund. Er findet in der Regel nichts dabei, zu sechst zu starten und dabei auch ins Gedränge und Geschiebe zu kommen. Von der körperlichen Disposition her ist er auf Höchstgeschwindigkeit auf der begrenzten Bahnstrecke ausgerichtet.

Äußerlich sind die europäischen Windhunde muskulös, athletisch, mit gewölbter Rückenlinie, kleinen Ohren, die in Rosenform am Kopf anliegen. Die Augen sind rund, der Blick ist wach und offen, der Augenausdruck lebhaft und direkt. Im Charakter sind sie spontan, lebhaft und unkompliziert. Artgenossen und Menschen kommen sie freundlich entgegen.

Zu den okzidentalen Windhunden gehören:

- Greyhound
- Whippet
- Italienisches Windspiel
- Galgo Español
- Magyar Agar
- Chart Polski
- Irish Wolfhound
- Deerhound
- Barsoi

Der kleinste Repräsentant der Windhundrassen das Italienische Windspiel.

Die spanischen Galgos, hier die rauhaarige Variante.

In der westlichen Welt steht der Greyhound seit Jahrhunderten für den Prototyp des Windhundes.

Der Greyhound

Wenn vom glatthaarigen Windhund die Rede ist, steht den meisten Leuten sicher ein Hund vom Typus des Greyhounds, des großen englischen Windhundes, vor Augen. Sein Name ist nach wie vor ein Rätsel für Sprachwissenschaftler. Die Deutungen reichen vom einfachen „grauen Hund" über den „griechischen Hund" bis zum „schlanken Hund" oder dem „Hund für Leute von Rang" oder einfach „Hund", je nachdem, ob man die Wurzeln des Namens im Englischen, im Lateinischen oder im Keltischen sucht.

Der Greyhound gilt als der Prototyp des Windhundes mit seinen schwungvollen Linien, dem langen schmalen Kopf, dem hohen Hals, dem gebogenen Rücken und den schlanken, gut gewinkelten, aber stark bemuskelten Gliedmaßen. Seine ganze Erscheinung demonstriert die ihm innewohnende Rennfähigkeit. Seine Linienführung offenbart Schnelligkeit und Kraft. Spielende Muskeln unter einem glatt anliegenden Fell; wache, feurige Augen; fliegender Atem, erwartungsvolles Hecheln – voll vibrierender Vitalität ist der aktive Greyhound.

In allen Farben ist die Rasse anzutreffen, von Schwarz und Blau über Rot und Beige bis hin zu Weiß; alle Farben ohne oder mit weißen Abzeichen, Platten oder Flecken, dazu gestromt. Hinsichtlich der Schulterhöhe sind 68 bis 71 cm bei den Hündinnen und 71 bis 76 cm bei den Rüden ideal.

FCI-Nummer	158
Ursprungsland	Großbritannien
Schulterhöhe	R 71–76 cm, H 68–71 cm
Gewicht	R 29–38 kg, H 24–31 kg
	Show-Typ R 40–45 kg, H 30–35 kg

Nachfahre der Kelten

Der Greyhound kann als reiner Nachkomme des keltischen Windhundes betrachtet werden. Die Kelten, deren Spuren sich in vielen Teilen Europas bis hin nach Spanien finden, besiedelten im 4. Jahrhundert v. Chr. England. Mit ihnen waren die Vorfahren des heutigen Greyhounds auch nach England gekommen.

Bei Corbridge on Tyne wurde eine Vase aus dem Jahr 130 n. Chr. gefunden. Sie zeigt als Motiv eine Hasenhetze mit zwei glatthaarigen Windhunden in überaus naturalistischer Darstellung. Diese Windhunde sind so greyhoundtypisch, dass man daraus schließen kann, dass sich der Typ des Greyhounds seit dieser Zeit in unveränderter Form erhalten hat.

Verbreitung des Jagdhundes

In Großbritannien fanden die Greyhounds durch die Jahrhunderte hindurch in den Händen der Aristokratie Verwendung bei der Jagd, vorzugsweise auf Hasen. Die abwechslungsreiche, flüchtendem Wild rasche Deckung bietende Landschaft bedingte einen schnell startenden Windhund – dazu befähigt, die Beute nach kurzer, rasanter Hetze zu greifen. Häufig finden wir den glatthaarigen Windhund im Mittelalter auch auf Gemälden berühmter Maler wieder, sei es als anmutige Nebenfigur höfischer oder religiöser Darstellungen oder als eine der Hauptpersonen bei Jagdmotiven.

Mit dem Greyhound identische Formen glatthaariger Windhunde waren in Deutschland, den Niederlanden und Frankreich,

Greyhounds sind die Spitzensportler unter den Windhunden. Sie erreichen die höchste Geschwindigkeit auf der Rennbahn.

darüber hinaus in ganz Mittel- und Westeuropa noch bis vor etwa 200 bis 150 Jahren verbreitet. Anders als in England aber konnten sie – abgesehen von Spanien – nicht überdauern, als nach der Französischen Revolution die Beschränkung des Adels, seiner Privilegien und des Windhundjagdwesens kam.

Sportjagd in Großbritannien

In Großbritannien hatte man schon sehr früh Formen einer geregelten Sportjagd erfunden, was den englischen Windhundrassen letztlich das Überleben und besonders den Greyhounds den zahlenmäßig uneingeschränkten Fortbestand sicherte.

Bereits in der zweiten Hälfte des 16. Jahrhunderts unter Königin Elisabeth I., einer begeisterten Windhundliebhaberin, wurden Coursing-Regeln aufgestellt. Deren wichtigste, dass immer nur zwei Hunde einen Hasen verfolgen dürfen, gilt noch heute unverändert.

Schon 1776 wurde von Lord Orford der erste Coursing-Klub der Welt gegründet, dem im 19. Jahrhundert eine Vielzahl weiterer Klubs folgte, darunter 1825 der Altcar Club bei Liverpool. Dort wurde jährlich der weltberühmte Waterloo Cup ausgelaufen. Coursings mit Greyhounds waren im 19. Jahrhundert sehr populär und sind es selbst im Zeitalter der Bahnrennen als die ursprünglichere und abwechslungsreichere Variante immer auch gewesen.

Im Coursing erfolgreich zu sein setzt voraus, dass ein Grey täglich frei ausgaloppieren kann, dass er elastisch und wendig ist und nicht die Füße einer Primaballerina besitzt. Insbesondere das Open Coursing ist der wahre Prüfstein für die Kondition eines Greyhounds, viel mehr als das Bahnrennen im Cynodrom. Die „Hare-coursings", die Verfolgung lebender Hasen, sind seit 2005 verboten.

Wettgeschäfte

In den Zwanzigerjahren wurde in Großbritannien, wie kurz zuvor in den USA, das Rennbahnwesen mit mechanisch bewegten Hasenattrappen als Lockmittel für die Hunde eingeführt. Das Windhund-Rennwesen nach amerikanisch-englischer Art ist ein kommerzielles Unternehmen, ein Profisport, bei dem es um sehr viel Geld geht. Nicht nur den Siegern winkt eine hohe Prämie, sondern auch im Wettgeschäft werden Millionenumsätze gemacht. In Großbritannien und Irland gibt es Hunderte von Rennbahnen. Die Windhundrennen, die bis zu dreimal wöchentlich auf einer Bahn veranstaltet werden, sind Volksveranstaltungen ersten Ranges, an denen sich rund 100 Millionen Zuschauer jährlich ergötzen und leidenschaftliche Wettgeschäfte tätigen. Es sind ausschließlich Greyhounds, die im Cynodrom zum Einsatz kommen.

Das kommerzielle Bahnrennen wird in gleicher Weise wie in England auch in Irland, USA und Australien betrieben. Die internationale Grey-Industrie ist heute auf dem Weg, sich auch in dem riesigen asiatischen Markt zu etablieren. Die Zahlen der „Greyhound-Produktion" sind gigantisch: Jährlich 50 000 Tiere in Amerika, Australien und Spanien, 10 000 in England, 25 000 in Irland und zum Vergleich nur bescheidene ca. 500 im übrigen Europa, das nur Liebhaberrennen praktiziert.

Die Opfer sind die Hunde

Man kann sich vorstellen, dass bei Spekulation und Geschäft im großen Stil das Interesse des einzelnen Tieres nicht mehr zählt. In Großbritannien und den übrigen Profi-Rennsport-Ländern werden die Greyhounds überwiegend in großen Zahlen in Rennhundzwingern gehalten und von hauptamtlichen Trainern ausgebildet. Kennelboys und -girls erledigen ihre Pflege und führen die Hunde aus. Auch Privatbesitzer haben ihre Tiere in solchen Farmen stehen und können sie einmal pro Woche besuchen. Die Massenzucht und -haltung, sauber und unter ärztlicher Aufsicht allemal, dient der Erzeugung von gut funktionierenden Rennhunden, das ausgeklügelte Training dem Erreichen der Bestkondition. Einerseits hat die Sportbegeisterung der Briten die heute blühende Greyhound-Zucht gesichert. Zum anderen aber hat die Mechanisierung und Kommerzialisierung dieses Sports den Grey zu einem bloßen Mittel zum Zweck degradiert. Seine Unkompliziertheit und Anpassungsfähigkeit prädestinierten ihn, zum Kommerzfaktor der Renn- und Wettindustrie zu werden. Kalkulierte Zuchtauswahl auf absoluten Rennwillen und anspruchsloses Gemüt haben ein Übriges getan. Kaum eine andere Windhundrasse sonst könnte man in dieser Weise benutzen. Seine Eigenschaften sind dem Greyhound zum Verhängnis geworden.

1 Trainierte Muskeln und abgehärtete Pfoten brauchen die Greyhounds für das Coursing im freien Gelände.
2 Mit eleganten wohlgeschwungenen Umrisslinien präsentiert sich der Ausstellungssieger.

„Perfekte" Rennmaschinerie

Zwar schauen viele nach England und den anderen Profisport-Ländern und sind beeindruckt von dem perfekten Ablauf der großen Rennmaschinerie. Zwar werden die Renngreys dort körperlich gut gepflegt, man möchte sagen „gewartet", aber eine normale Mensch-Hund-Beziehung ist ihnen verwehrt. Nur der Rennfaktor zählt. Ist die Rentabilität eines Greys nicht gegeben (das entscheidet sich, wenn er – kaum herangewachsen – die ersten Testläufe macht) oder nicht mehr gegeben (das ist bereits mit 4 ½ Jahren der Fall), lohnt es sich in diesen Kreisen nicht, ihn weiter zu erhalten. Nur wenige Glückliche werden dann in private Hände abgegeben oder, wenn sie Toprenner waren, für die Zucht verwendet. Das ist die traurige Konsequenz der Massenzucht für das Wettgeschäft.

England, das Mutterland des Greyhounds mit der ununterbrochenen Grey-Tradition, gibt auch den Standard heraus. Ein Greyhound-Zuchtbuch wird seit 1882 geführt. England führte nicht nur die Profirennen und die damit verbundene Spezialisierung der Rennhunde ein, sondern auch ein anderes Extrem: die Zucht nur für die Ausstellung und ihre Vertreter, die „Show-Greys".

Ausstellungshunde

Professionelle Rennhunde werden niemals ausgestellt; ihr Aussehen und eventuelle Schönheitsfehler interessieren niemanden. Im Gegensatz dazu sehen die Show-Greys nie eine Rennbahn; Hetztrieb und Schnelligkeit sind bei ihnen überflüssig. Dafür werden die äußeren Merkmale, die für Schönheit stehen sollen, vielfach übertrieben: Größe, Winkelungen, die Länge und Schmalheit des Kopfes (die Zahnverlust zur Folge haben kann), die Halslänge, die Tiefe der Brust (die die Ellbogenfreiheit beeinträchtigt) u. a. Die Show-Greys sind allerdings gegenüber den Renn-Greys in der absoluten Unterzahl.

Die Entwicklung der beiden Typen ist mittlerweile in so verschiedene Richtungen gegangen, dass es schwerfällt, denselben Standard an sie anzulegen. Obwohl die Trends des englischen Mutterlandes auch außerhalb manche Anhänger finden, melden ernsthafte hiesige Greyhound-Freunde doch starke Bedenken an, was die extremen Zuchtrichtungen angeht.

Coursing-Typ

Es gibt noch einen dritten Typ, den eigentlichen alten Coursing-Typ, der am positivsten zu beurteilen ist. Er ist der ursprüngliche Greyhound-Typ, widerstandsfähig und wendig und dabei durchaus von elegantem Gesamteindruck.

An diesem Letztgenannten orientiert man sich gern in Deutschland und diversen europäischen Nachbarländern. Man bemüht sich, Hunde zu züchten, die sowohl Renneigenschaften als auch ein gefälliges Äußeres vereinen – unter dem Motto „Schönheit und Rennleistung". Hier steht die Freude am Hund als solchem im Vordergrund. Der Greyhound ist Hausgenosse – das Rennen ist Hobby; allerdings wird es in Rennhund-Kreisen durchaus mit Ehrgeiz betrieben.

Greyhound-Rennen in Deutschland

In rund 11 Jahrzehnten deutscher Zucht hat es der Greyhound auf ca. 7 800 Zuchtbucheintragungen gebracht. Der konkrete Zuwachs liegt heutzutage allerdings nicht höher als bei ca. 50 Hunden im Jahr.

Das Laufen und Hetzen ist das Lebenselement des Hochgeschwindigkeitsläufers, auch bei uns. Kann der Greyhound seinem Bewegungsdrang nicht nachgeben, ist er körperlich und seelisch quasi amputiert. Der Greyhound ist ein Sprinter, der schnellste Hund auf der kurzen Strecke. Die 450- bis 500-m-Bahnen sind speziell auf den Greyhound zugeschnitten. Bis zu 65 km/h kann er hier erreichen.

Greyhounds sind verträglich und harmonieren gut miteinander.

Vor den wartenden Hunden ruckt das Lockmittel an und wird dann in rascher Bewegung vorangezogen. Der Startkasten öffnet sich, und Körper an Körper schießen sie heraus. In Höchstgeschwindigkeit geht es die Startgerade hinan auf die u-förmige Kurve zu. Hier rudern und kämpfen die Hunde, um nicht durch die eigene Geschwindigkeit hinausgetragen zu werden. Nach der Kurve die entscheidenden 200 Meter entlang der Zielgeraden. Spektakuläre Überholmanöver. Vibrierender Boden unter dem dicht an dicht dahinhetzenden Greyhound-Feld. Spannung bis zum letzten Moment. Faszination der Zuschauer. In Zentimetern entscheidet sich der Sieg – das ist das Greyhound-Rennen.

Wesen und Gesundheit

Der auf Bahnrennen spezialisierte Greyhound ist in der Regel verträglich und ohne Aggressivität; programmiert darauf, gemeinsam mit anderen Läufern Seite an Seite die Rennbahn zu umrunden, ohne seine Mitläufer als Konkurrenten anzusehen. Er konzentriert sich ausschließlich auf das sich bewegende Hetzobjekt. Allerdings ist der Greyhound als „Spitzensportler" unter den Windhunden auch empfindlich und verletzungsanfällig an den Muskeln und den Läufen. Das ist die Kehrseite der großen Schnelligkeit. Ein zudem beim Greyhound bekanntes Phänomen ist die sogenannte Greyhound-Sperre, eine Stoffwechselstörung der Muskulatur durch Übersäuerung,

Mit den drei großen Greyhound-Freunden hinter sich, fühlen sich die jüngsten Familienmitglieder einer renomierten Zuchtstätte gut beschützt.

die jetzt durch Gentests eingegrenzt werden kann. Leider haben Greyhound-Besitzer oft Rennverletzungen ihrer Hunde zu kurieren. Die Konsultation von spezialisierten Tierärzten und lange Schonpausen sind an der Tagesordnung. Vielfältige Überlegungen über Ursachen und Abhilfemöglichkeiten haben keine Patentlösung erbringen können. Wichtige Aufgabe des Besitzers ist es daher, seinen Renngrey in die richtige Kondition zu bringen, seine Pfoten möglichst auf Naturgelände abzuhärten und ihn nicht überzubeanspruchen, sondern vielmehr mit Überlegung zum Rennen einzusetzen. Vor dem Start ist ein ausgiebiges Warmlaufen erforderlich, nach dem Lauf ein Weiterbewegen zur Beruhigung des Kreislaufs. Ein tadelloser Pflegezustand und die richtige Kurvenkonstruktion der Rennbahn sind unabdingbar für einwandfreie Grey-Läufe.

Insgesamt

Darüber hinaus ist der Grey ein eleganter (wenn man von den bloßen „Rennmaschinen" ohne züchterische Beachtung des äußeren Erscheinungsbildes absieht), charakterlich unkomplizierter Begleiter. Er schließt sich leicht an und lässt sich gut führen. Relativ leicht ist durch liebevolle Erziehung zu erreichen, dass er seinen Menschen folgt und auf Ruf oder Pfiff reagiert. Nur im freien Feld ist Vorsicht geboten! Der Greyhound ist anschmiegsam, fühlt sich wohl in menschlicher Gesellschaft und mitten in der Familie. Auch aufgrund seines kurzen, pflegeleichten Fells ist er ein angenehmer Hausgenosse.

Der Whippet: kleiner Athlet mit großer Fan-Gemeinde.

Der Whippet

Der Whippet als glatthaariger Windhund von „praktischer" mittlerer Größe erfreut sich in Windhundkreisen großer Beliebtheit. Anders als alle anderen Windhundrassen (mit Ausnahme des Windspiels), die ihre Variationen überwiegend dem Einfluss der Umweltbedingungen verdanken, stellt er eine Zweckschöpfung jüngeren Datums dar. Zwar wurden auch vielfach mittelgroße Windhundformen in der Kunst des Abendlandes dargestellt. Dabei könnte es sich aber auch um künstlerische Freiheit handeln. Der moderne Whippet entstand als englische Züchtung im Lauf des 19. Jahrhunderts und ging aus der Kreuzung vorhandener kleiner Greyhound-Formen mit verschiedenen hochläufigen Terrier-Rassen und nicht zuletzt dem Windspiel hervor. Wenn mit diesem kleinen Hetzhund anfangs in England auch Jagd auf Kaninchen gemacht wurde, so wurde sein Zuchtziel doch auf einen anderen, neu ins Blickfeld geratenen Gebrauchswert abgestellt, der außerhalb der reinen Jagdnützlichkeit liegt. Sportliche Ziele waren es, die einen kleinen, zähen, temperamentvollen Hund schufen, der an Schnelligkeit den großen, bisher ungeschlagenen Greyhounds Konkurrenz bieten sollte.

FCI-Nummer	162
Ursprungsland	Großbritannien
Schulterhöhe	R 47–51 cm, H 44–47 cm
Gewicht	R 12–14 kg, H 10–12 kg

Beliebter Sport

Anlass der Züchtung waren Sportbegeisterung und Wettleidenschaft der arbeitenden Bevölkerung der mittel- und nordenglischen Grafschaften in jener Zeit, die sich in allerlei Sportarten manifestierten. Wenn man nicht in eigener Person einem Sport huldigte, so wurde das Interesse von Hahnenkämpfen, Bullenbeißen, Hundekämpfen und zunehmend auch von Hunderennen gefesselt. Während für diese Leute die exklusiven Greyhound-Coursings der High Society unerreichbar waren, betrieben sie vereinfachte Formen des frühen Whippet-Rennens, die so vonstatten gingen, dass die Hunde einfach zu ihren hinter der Ziellinie wartenden Besitzern zurückliefen.

Beim Windhundsport ist er in seinem Metier.

Anerkennung der Whippet-Zucht

Während die frühen Produkte dieser Kreuzungen „Snap-dog" genannt wurden und vom Äußeren her noch recht uneinheitlich, von der Verwendungsfähigkeit aber schon ganz zufriedenstellend waren, zeigte sich nach einigen Jahrzehnten schon ein so einheitliches Erscheinungsbild, dass 1891 der Whippet als Rasse anerkannt wurde. Zum ersten Mal wurde er zu einer englischen Ausstellung zugelassen.

Um 1910 hatte der Whippet auch in Deutschland mit 90 eingetragenen Exemplaren im ersten Zuchtbuch einen erstaunlichen Eingang gefunden. Was man bislang erzüchtet hatte und nun stetig weiterentwickelte, war ein kleiner, drahtiger, vor Rennübermut strotzender Hund – dem Typus nach unzweifelhaft ein Windhund.

Am Whippet und seiner Rassewerdung lässt sich ablesen, dass das Windhundblut den dominierenden Erbfaktor abgab. Immerhin hatten die ersten deutschen Whippet-Zuchtstätten noch ein gutes Stück Pionierarbeit zu leisten und die Züchter Risikobereitschaft zu beweisen. An einem durchgängig korrekten Typ musste noch weiter gearbeitet werden. Zu Beginn der deutschen Zucht kam es durchaus vor, dass man Whippets benutzte, um die Windspiel-Zucht zu befruchten, und umgekehrt.

Körperbau und Aussehen

Der Whippet ist mit seiner mittleren Größe (Normschultermaß bei Rüden 47 bis 51 cm, bei Hündinnen 44 bis 47 cm) nicht einfach eine verkleinerte Greyhound- oder vergrößerte Windspiel-Ausgabe. In Bezug auf sein Wesen und seine Verhaltensweise gab ihm der Terrier-Einschlag den frischen Mut, die Schärfe, den Schneid und das Temperament. Hinsichtlich seines Äußeren ist er nicht mit der zierlich graziösen Erscheinung des Windspiels zu verwechseln. Der Whippet ist auf den ersten Blick als Sporthund zu erkennen, als kleiner Athlet, drahtig, trocken und muskulös mit kraftvoller Gangart.

Wie soll man die Dynamik seiner Konstruktion in Worte fassen? Er ist eine Feder vor dem Abschnellen. In jeder Form und Linie ist er darauf eingerichtet, sich über den Boden zu erheben und dahinzufliegen. Der Kopf ist schnittig und trocken mit kleinen, windwiderstandslos anliegenden Rosenohren. Der Schwerpunkt konzentriert sich im vorderen Brustkorb. Die gebogene Oberlinie, die ihn auszeichnet, verläuft vom nach hinten abfallenden Rücken in die muskelstrotzenden Keulen, die breit gestellte, biegsam gewinkelte Hinterhand, die geschaffen ist, den Körper mit gewaltigem Satz vorwärtszuwerfen. Der ganze Hund ist federleicht, ein kleiner großer Renner. Er kombiniert Muskelkraft und Zähigkeit mit Eleganz und Harmonie der Linie. Wie bei seinem großen Vetter Greyhound sind alle Farben erlaubt. Die weiß geplatteten Tiere sehen wie Porzellanfiguren aus.

1 Zwei im Gleichschritt. Bei der Vorführung „Kind und Hund" im Beiprogramm einer Ausstellung wirkt die Harmonie zwischen der kleinen Besitzerin und dem Whippet-Rüden überzeugend.

2 Perfekte Silhouette eines Whippet-Rüden mit der typisch gewölbten Rückenlinie und ausgeprägten Hinterhandwinkelung.

3 Die Freude am Spielzeug regt zu fröhlicher Aktion an.

Whippet-Zucht

Früher gab es auch einige Stämme rauhaariger Whippets, die Eingang ins deutsche Zuchtbuch fanden. Ihre Zucht wurde aber, anders als zum Beispiel die der Rauhhaar-Galgos, nicht weiter betrieben; wahrscheinlich, weil bei einem kleinformatigen Hund wie dem Whippet das Rauhaar seine typischen Linien zu sehr verdeckt, und man vermutete, dass die rauhaarigen Tiere im Rennen langsamer sind. Daneben erinnerte das Rauhaar womöglich auch zu stark an die andersrassigen Vorfahren. Abgesehen davon wurden Rauhaar-Whippets vom Kennel Klub des Mutterlandes England nicht anerkannt. Auch bei den Whippets gibt es die schon beim Greyhound beobachteten Unterschiede zwischen Ausstellungs- und Renntypen, eine Spezialisierungstendenz, die aus Großbritannien und Übersee kommt. Bei der Whippet-Zucht ist die Einhaltung einer bestimmten Größe zu beachten. Der Whippet als eine Züchtung neuerer Zeit bleibt mit seiner Größe nicht immer automatisch innerhalb der vorgesehenen Standardmaße. Daher ist beim heranwachsenden Whippet das Bangen um die leidigen Zentimeter an der Tagesordnung. Einige Zentimeter zu viel können das Aus für die Ausstellungs- und Rennkarriere bedeuten. Es gibt allerdings Länder, die die Größenfrage nachsichtiger bewerten.

In Deutschland sind die Whippets heute vor Irish Wolfhounds und Afghanen die am weitesten verbreitete Windhundrasse. Auf insgesamt über 16 100 Zuchtbucheintragungen hat es die Rasse seit 110 Jahren gebracht. Es kommt ihnen nicht zuletzt zugute, dass sie in unserer, der Hundehaltung nicht immer sehr freundlich gesinnten Zeit auch in den vielfach beengten Wohnverhältnissen noch genügend Raum finden.

Der Whippet stellt von seiner „Aktion" her mehr auf die Beine als seine großen Artgenossen. Mit Artgenossen ist er sehr verträglich und ein anschmiegsamer Familienhund.

Fähigkeiten und Charakter

Vom Wesen her ist der Whippet komplikationslos, munter und unermüdlich. Sein lebhaftes Temperament macht ihn unternehmungslustig und hält ihn viel auf den Beinen.

Mit der Rennbahn wird er sehr schnell vertraut. Für das Wettrennen gezüchtet, bewährt er sich als Meister desselben – immer einsatzfreudig und ausgesprochen verträglich mit seinen Renngenossen. Als einziger Rennhund gibt der Whippet beim Hetzen Laut. An den Zuschauern vorbei fegt auf der Rennbahn ein dichtes Feld emsiger Whippets, aufgeregt jappend. Am Ziel löst jeder Besitzer seinen Hund aus dem Knäuel um die Hetzattrappe und trägt den Eifrigen auf dem Arm davon. Die weitaus meisten Läufe bei deutschen Windhundrennen werden heute, neben Afghanen, von Whippets bestritten. Wettbewerbe von 30 Whippets bei einem Rennen sind keine Seltenheit.

Der Whippet ist kontaktfreudig und sucht die Aufmerksamkeit seines Besitzers durch allerlei spontane Gebärden. Er folgt recht gut, ohne jedoch unterwürfig zu werden. Er ist gut leinenführig und bleibt auch gern dicht bei Herrchen oder Frauchen. Dennoch genießt er bei Spiel und Rennen im freien Gelände die Freiheit. Bei Spaziergängen kommt er gern zu seinem Besitzer zurück, wenn er sich ausgetobt hat und kein „Jagdobjekt" seine ganze Aufmerksamkeit in Anspruch nimmt.

Erfreulich ist auch die Tatsache, dass ein Whippet in der Regel bis ins hohe Alter fit bleibt.

Die sprichwörtliche Anmut des Windspiels wird schon im Standard erwähnt.

Das Italienische Windspiel

Das Windspiel ist der kleinste Vertreter der Familie der Windhunde. Es soll und muss filigran sein, mit feinem Knochenbau, das Modell des großen Windhundes ins Kleinste übertragen. Hier sind die edlen Windhundlinien sozusagen zum Spiel geworden.

Das Italienische Windspiel erregt Entzücken und Bewunderung durch seine Zierlichkeit und seine Anmut. Mit hoch getragenem Köpfchen und trippelnden, tänzelnden Bewegungen vollführt es die elegante Gangart eines Dressurpferdes. Trotz des hohen Aufhebens der Vorderbeine soll das Gangwerk raumgreifend sein.

Was wir vom Windspiel erwarten, ist nicht die originelle Karikatur eines Hundes, sondern die Repräsentation eines typischen Windhundes im Kleinsten. Seine Feinnervigkeit äußert sich oft in leichtem Zittern, was es mit edlen Rassepferden gemein hat. Obwohl es ein absolut selbstständiges und energisches Windhündchen ist, spricht es unseren Pflegetrieb besonders an und auch unseren Sinn für das Verspielte. Es liebt den Platz auf dem Schoß und auf dem Arm. Letzteren erobert es im zielsicheren Sprung vom Boden aus.

FCI-Nummer	200
Ursprungsland	Italien
Schulterhöhe	R/H 32–38 cm
Gewicht	R/H höchstens 5 kg

Windspiele am Fürstenhof

Schon seit vielen Jahrhunderten wurden neben den großen Rassen kleine Windhunde gezüchtet. Vom frühen Mittelalter an hielt man sogenannte kleine „Beizwinde" an den Fürstenhäusern in ganz Europa. Sie wurden neben dem Falken auf die Beizjagd mitgenommen und waren daneben die Schoßhündchen der Damen.

Okzidentale (westliche) Windhunde

1 Kommt ein Windspiel-Baby aus dem Ei? Die Größenverhältnisse wenigstens zeigen, es wäre möglich.
2–4 Drei kleine Persönlichkeiten mit dem typischen Ausdruck, der Eleganz und Feinheit der Linien.

In der höfischen Zeit mit der Verfeinerung der Sitten wuchs auch das Bedürfnis nach einem spielerisch kleinen, edlen Luxusgeschöpf, das durch Zuchtbemühungen bald aus dem schon vorhandenen kleinen Windhund entwickelt wurde. Unter den königlichen Besitzern, die Windspiele im Lauf ihrer Existenz immer wieder hatten, ist bei uns besonders Friedrich der Große bekannt. Von ihm sind viele Begebenheiten überliefert, die in Zusammenhang mit der besonderen Zuneigung zu seinen Windspielen stehen, die er ständig um sich hatte.

Ursprünge

Ist das Windspiel wirklich italienischen Ursprungs, wie der Name sagt? Namhafte Kynologen betonen, dass die Formen des Windspiels eher auf afrikanischen Ursprung hindeuten als auf europäischen. Die quadratischen Konturen, die dem Körper unterstellten Gliedmaßen, die ovalen Pfötchen, das im Gegensatz zu Grey und Whippet einfarbige Haarkleid und die oft zu beobachtenden „eckigen" Linien erinnern tatsächlich eher an den Sloughi und Pharaonenhund als an westliche Windhunde.

Hündchen dieser geringen Größe hat es nachweislich bereits im alten Ägypten gegeben. Der Überlieferung nach soll es die ägyptische Königin Kleopatra gewesen sein, die dem römischen Feldherrn Julius Cäsar kleine Windhunde ihrer Zucht zum Geschenk machte, wodurch auch die Beziehung zu Italien hergestellt wäre. Es ist natürlich auch nicht abzustreiten, dass das graziöse Windspiel in die klassizistische Zeit der italienischen Renaissance und in die Paläste der Medici und ihr Hofleben hineingehört, wo es sich großer Beliebtheit erfreute. Warum sollen sich aber, davon abgesehen, nicht ganz einfach in all jenen Ländern, wo sich kleine Windhundformen aus den großen

2 Die edle Windspiel-Dame links kann als perfekte Verkörperung des Standard-Ideals gelten.
3 Das tänzelnde, leicht steppende Gangwerk ist charakteristisch für die Rasse.
4 Schon der junge Welpe bezaubert durch seine anmutige Pose.

selektieren ließen – wie in Frankreich, England, Deutschland, Österreich und Italien –, Windhund-Spielarten gleichzeitig und parallel zueinander entwickelt haben? Einiges spricht für diese Annahme.

Zuchtentwicklung

Um die Jahrhundertwende waren die Zwergwindhunde, wie sie damals noch genannt wurden, vom Niedergang bedroht. Degeneration war die Folge übertriebener Verfeinerung und Inzucht. Die Einkreuzung von Fremdblut (Whippet zur Erhaltung des Windhundtyps, Zwergpinscher zur Festigung der geringen Größe) rettete und stabilisierte schließlich die Rasse und ermöglichte in den Zwanziger- und Dreißigerjahren die Schaffung des vollendeten Typs des klassischen Windspiels, wie wir es heute kennen. Den heute geläufigen Namen „Windspiel" erhielt die Rasse Anfang dieses Jahrhunderts. Er passt vollendet zu Form und Wesen dieses kleinsten Windhundes.

Schwierige Zucht

Warum ist diese alte, schon so lange in Europa beliebte Windhundrasse heute relativ selten anzutreffen? Vor allem zwei Gründe scheinen hierbei eine Rolle zu spielen. Die Zucht der Windspiele ist nicht einfach, und ihre Zierlichkeit führt dazu, dass sie irrtümlich für sehr empfindlich gehalten werden.

Die Zucht stellt in der Tat eine Herausforderung an das Geschick des Züchters dar. Züchterisch muss besonders die Einhaltung der Größe (zwischen 32 und 38 cm Schulter-

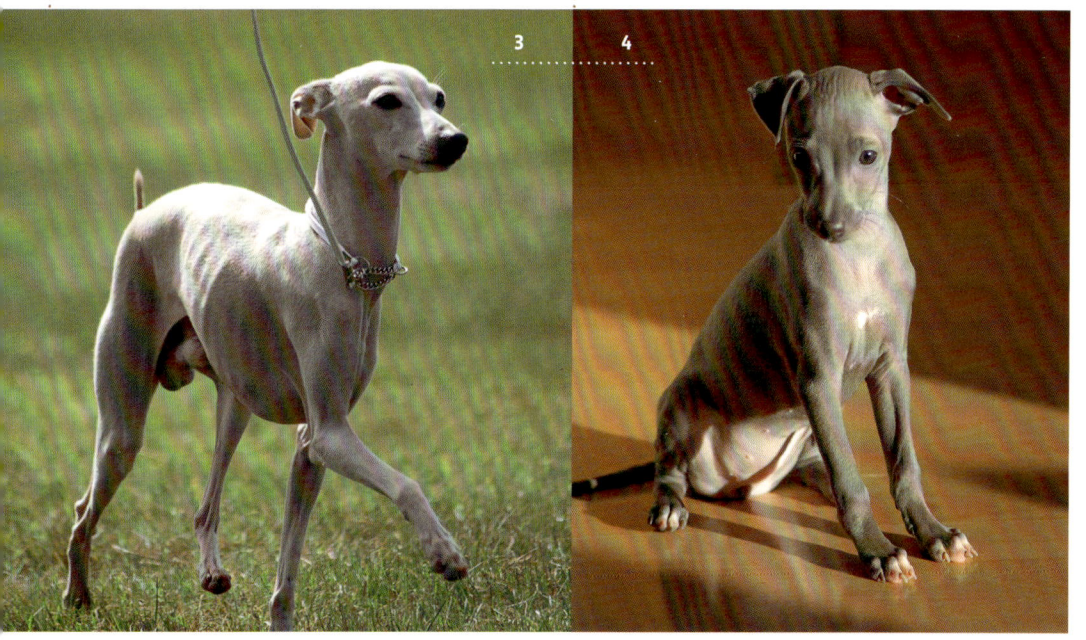

Windhundblut: In ihrem Jagdeifer stehen Windspiele den großen Vettern nicht nach.

höhe) im Auge behalten werden, die Schädelform, die nicht zu rund werden soll, die Zahl der Zähne und die korrekte Zahnstellung, die Ausbildung der Geschlechtsmerkmale und die Einfarbigkeit (schwarz, schiefergrau, isabellfarben, möglichst ohne oder höchstens mit minimalen weißen Abzeichen). Besondere Fehler sind jene, die den Eindruck der Eleganz stören, sowie Anzeichen übertriebener Verzwergung wie Apfelkopf, hervortretende Augen und Ähnliches. Daneben sind die Würfe sehr klein (höchstens drei bis vier Jungtiere). Ein Welpe sollte bei der Geburt mindestens 150 g wiegen, um eine reelle Überlebenschance zu haben. Das Gewicht des erwachsenen Windspiels darf maximal 5 kg betragen.

Haltung und Charakter

Wenn das Windspiel gut gezüchtet und vernünftig aufgezogen ist, entpuppt es sich als äußerst widerstandsfähiges und robustes Tierchen. Für Krankheiten ist es nicht anfällig. Es ist zäh und langlebig und kann gut und gern seine 15 Jahre alt werden. Es verliert auch nicht seine Beweglichkeit, sondern behält seine Munterkeit und Grazilität bis ins hohe Alter.

Was Haltung und Pflege anbelangt, ist das Windspiel ein Hund wie jeder andere. Seine Zahngesundheit sollte besonders im Auge behalten und durch entsprechende Zahnpflege unterstützt werden. Seine Stubenreinheit wird eventuell besonders überwacht werden müssen. Ansonsten braucht es wenig Pflege, wenig, aber gutes Futter, allerdings viel Liebe und Freiheit.

Fröhlich und anschmiegsam

Bei aller Sorgfalt, die man einem so feinen kleinen Tierchen angedeihen lässt, sollte man es keinesfalls verweichlichen. Obwohl es Wärme liebt, braucht es bei Ausgängen kein „Mäntelchen", sondern Bewegung.

1 Enger Kontakt gesucht: Windspiele sind gesellig.
2 Full speed: unterwegs bei rasantem Auslauf nach Windhundart.

Die kleinen Großen

Das Windspiel darf auch auf die Rennbahn, wo immer wieder einige Vertreter beweisen, dass sie echte Windhunde sind, wenn sie mit erstaunlichem Einsatz der „Beute" nachjagen, die fast ebenso groß ist wie sie selbst. Das Rennen sollte allerdings nicht übertrieben werden. Das Hetzvergnügen ist beim Windspiel Beiwerk, nicht Hauptgesichtspunkt seiner Haltung.

Nicht zu unterschätzen ist das ausgeprägte Selbstbewusstsein vieler Windspiele. Es kann vorkommen, dass man sie vor den Auswirkungen ihrer eigenen Courage schützen muss. Ihr Schneid großen Hunden gegenüber legt die Vermutung nahe, dass sie ihren eigenen minimalen Körperstatus gar nicht registrieren.

Das Windspiel ist gesellig und fühlt sich ungemein wohl in Gemeinschaft mit Artgenossen. Menschen gegenüber ist es zärtlich und anschmiegsam. Es ist intelligent und leicht abzurichten, dabei stets fröhlich und zu Spiel und Bewegung aufgelegt. Aber bitte: Es sollte nicht Kindern unter acht Jahren als Spiel- und Herumtragetier überlassen werden. Das ist nicht seine Rolle und würde stets Konflikte heraufbeschwören.

Ein Windspiel ist überall, auch im kleinsten Wohnraum, zu halten und überallhin mitzunehmen. Alles in allem ein unkompliziertes, temperamentvolles Begleithündchen auch für solche Windhundfreunde, die einen Vertreter größerer Rassen nicht halten können.

Der ursprüngliche Windhund Spaniens ist der Galgo Español. Sein Name weist auf den „Canis gallicus" hin und legt damit seine keltische Abstammung nahe.

Der Galgo Español

Der bodenständige Windhund Spaniens ist der Galgo Español. Dieser Windhund ist, wie der englische, keltischen Ursprungs. Das kommt noch heute in seinem Namen „Galgo" zum Ausdruck. Er ist vom „Canis gallicus", dem gallischen, also keltischen Windhund abgeleitet. Als Windhunde gleichen Stammes weisen Greyhound und Galgo auch eine ziemliche Übereinstimmung im äußeren Erscheinungsbild auf. Der Unterschied liegt, für manchen nur nach längerem Studium ersichtlich, in Details.

Auf den ersten Blick wirkt der Galgo weniger athletisch und erscheint als ein weniger ausgefeilter Windhund als der Greyhound, dazu ist er etwas kleiner (60 cm bis 70 cm Schulterhöhe). Der Gesamteindruck ist der eines lang gestreckten Hundes; er passt quasi in ein Rechteck. Der reine, ursprüngliche Galgo unterscheidet sich vom Greyhound durch einen weniger gewölbten Rücken, durch eine höhere Hüftpartie, durch weniger stark gewinkelte und flacher bemuskelte

Gliedmaßen, durch lange kräftige Pfoten im Gegensatz zu den kleinen runden Füßen des Grey, durch eine auffallend lange Rute bis fast zum Boden, durch einen längeren, schmaleren Kopf mit längeren Rosenohren, die je nach Stimmung etwas vom Kopf abgestellt werden können. Der Galgo Español ist der einzige Windhund, der sowohl in Glatthaar als auch in Rauhaar vorkommen darf.

Die Farbskala ist auch beim Galgo nahezu unbeschränkt. Der Standard definiert den Galgo Español als Hetzhund für die Hasenjagd im Gelände. Das ist sein Verwendungszweck bis heute und seine Besitzer auf der Iberischen Halbinsel sind durchweg Menschen mit Jagdambitionen.

Windhundrennen und Jagdveranstaltungen

Bei der Hasenhetze zeichnet sich der Galgo als robuster Geländejäger aus. Er ist zwar nicht so schnell wie der Greyhound, das macht er aber durch seine Ausdauer wett und durch sein für Verletzungen unanfälliges Laufwerk. Dem Galgo Español, besonders dem andalusischen, wird ein gewisser Anteil Sloughi-Blut nachgesagt, das während der jahrhundertelangen maurischen Herrschaft in die spanischen Windhunde einfloss. Seit Beginn des 20. Jahrhunderts wird die Situation des Windhundes in Spanien stark von rennsportlichen Gesichtspunkten bestimmt. In Anlehnung an England wurden die Windhundrennen – verbunden mit dem Wettgeschäft – eingeführt. Eine große Anzahl von Cynodromen verteilte sich über alle Provinzen.

Parallel dazu wurden die Meisterschaften im Gelände (Concursos de campo) äußerst populär und prestigeträchtig und sind es bis heute. Das sind Jagden auf lebende Hasen mit festen Wettkampfregeln und Bewertungskriterien, mit Punktevergabe und Siegertrophäen. Bei jeder Veranstaltung sind

FCI-Nummer	285
Ursprungsland	Spanien
Schulterhöhe	R 62–70 cm, H 60–68 cm
Gewicht	R 22–30 kg, H 19–26 kg

In Deutschland beweisen sich die Galgos auch auf der Windhund-Rennbahn als engagierte Rennhunde.

Wertungsrichter und eine Mannschaft mit genau festgelegten Aufgaben im Einsatz, viele davon zu Pferd. Seit 1930 wird auch einmal jährlich die „Copa del Rey" mit Tausenden von Zuschauern ausgetragen. Jagdsaison ist jeweils im Winter in ausgewiesenen Jagdgebieten.

Ursprünglicher Galgo Español

Der Einstieg in die Bahnrennen und die Wettkampfjagden brachte allerdings auch den Niedergang und das Verschwinden des traditionellen, alten Galgo Español.

Flächendeckend betrieb man nun den Import und die Kreuzung mit Greyhound, um von der Spitzengeschwindigkeit auf der Rennbahn und der Sprintstärke im Geländesport zu profitieren. Galgo Anglo-Español nennt man das Kreuzungsprodukt aus beiden Rassen, das nun in riesigen Populationen in Spanien vorhanden ist. Diese Hunde wurden in allen Stadien der Blutsvermischung vom spanischen Hundeverband zuchtbuchmäßig eingetragen, obwohl sie keine eigene Rasse darstellen. Sie sind auch heute die Hunde der Wahl auf der Iberischen Halbinsel, während das Interesse an dem alten, auf den Rennen nicht konkurrenzfähigen originalspanischen Windhund völlig verloren ging.

Erst in jüngster Zeit hat man sich wieder auf den ursprünglichen Galgo Español besonnen und ihn mit einer ersten Standardversion 1971 zurück ins Blickfeld geholt. Einige engagierte Liebhaber fanden in entlegenen Winkeln jene noch ausreichend ursprünglichen Tiere, die den Grundstock für die Wiedergeburt der alten Rasse bildeten. Heute gibt es einen nationalen Klub und einzelne Züchter, die sich der Förderung der alten spanischen Nationalrasse verschrieben haben.

Der Galgo Español ist der einzige Windhund, der sowohl in Glatthaar als auch in Rauhaar vorkommt. Dieser rauhaarige Rüde zeigt in idealer Weise das vom Standard geforderte Exterieur.

Typisch spanisch: edle Galgos und weiße Windmühlen.

Der Galgo Español in Deutschland

In Deutschland und den umgebenden Nachbarländern hat der Galgo heutzutage eine ziemliche Popularität erlangt, allerdings aus traurigem Anlass. Galgos aus Spanien sind die am meisten durch Tierhilfsorganisationen vermittelten Windhunde, nachdem die Öffentlichkeit davon Kenntnis nahm, dass mancherorts in Spanien abgelegte Jagdhunde wie Wegwerfartikel behandelt werden. Dabei handelt es sich in aller Regel um die Grey-Galgo-Mischhunde. Das spanische Wort Galgo ist nicht definitiv als Rassename zu verstehen, sondern bedeutet gemäß Übersetzung einfach nur „Windhund". Daher sind diese Galgos hier nicht anerkennungsfähig. Die Möglichkeit des Trainings auf einer Windhundrennbahn steht ihnen natürlich offen.

Neben wenigen Zuchtstätten in Spanien haben sich auch einige deutsche dem Erhalt der ursprünglichen Rasse verschrieben.

Wesen

Obwohl Galgos in Spanien meist im Hinblick auf die Jagd gehalten werden, leben sie genauso gern als Familienhunde wie alle anderen Windhunde auch. Ihre Haltung ist recht unproblematisch, wenn sie vom Charakter her auch etwas temperamentvoller sein mögen als der sanfte Vetter Greyhound. Dabei besitzen sie Sensibilität und Unterscheidungsvermögen, was die Einschätzung von Situationen angeht. Fremden gegenüber halten sie sich zuerst einmal etwas zurück, um dann nach näherem Kennenlernen freundlichen Kontakt aufzunehmen. Ihren Besitzern gegenüber zeigen sie sich anhänglich und gut zu führen. Galgos sind gut verträglich mit anderen Hunden.

Der Magyar Agar: Bilder eines kräftigen, bodenständigen, ausdauernden Windhundes, dessen Arbeitsbereitschaft in Ungarn hoch geschätzt wird.

Der Magyar Agar

Eine erst in jüngerer Zeit als eigenständige Rasse anerkannter Windhund ist der Magyar Agar. Der heute wieder herausgezüchtete ungarische Windhund knüpft an eine alte ungarische Rasse und eine lange Windhundtradition in diesem Land an.

Entstehung des Magyar Agar

Für das heutige Rassebild des Magyar Agar sind verschiedene Windhundtypen verantwortlich. Wie frühe Funde aus dem Gebiet des heutigen Ungarn nahelegen, war dort bereits zur Zeit der Pannonier (die zu den Kelten zählen) ein Windhundtyp in Gebrauch, bei dem es sich um einen Zweig des glatthaarigen gallischen „Vertragus" gehandelt haben muss. Pannonien war damals Teil des Römischen Reiches. Während der Völkerwanderung im 4. bis 6. Jahrhundert kamen Ostgoten, Langobarden und Hunnen ins Land, und mit Letzteren wahrscheinlich auch orientalische Windhunde.

Windhund der Steppe

Um 890 wurde das Land von den Magyaren besiedelt. Dieses Reitervolk, von dem die Ungarn ihren Namen erhalten haben, stammte ursprünglich aus den Steppengebieten des Ural. Im 7. Jahrhundert brach es zu einer 200 Jahre dauernden Wanderung nach Westen auf. Im 9. Jahrhundert drang es schließlich in das Karpatenbecken ein und nahm das jetzige Ungarn als neue Heimat in Besitz. Man kann sich vorstellen, wie dieses nomadisierende, Jagd treibende und mit Pfeil und Bogen meisterhaft umgehende Reitervolk auf seinem Zug nach Westen, der durch Steppen und Halbwüsten führte, von Windhunden begleitet wurde. Es muss sich um einen widerstandsfähigen, anspruchslosen und ausdauernden Steppenwindhundtyp asiatischer Prägung gehandelt haben. Er vermischte sich bei der Besiedelung Ungarns mit den bereits vorhandenen Windhunden. Man darf daher im ungarischen Windhund die Verquickung asiatischer und europäischer Windhundmerkmale annehmen. Eine landeseigentümliche Rasse, der Magyar Agar, entstand. Während der 150-jährigen Türkenherrschaft im 16./17. Jahrhundert gelangten wahrscheinlich auch türkische Windhunde nach Ungarn. Dadurch dürfte eine weitere Komponente zum ungarischen Windhund hinzugekommen sein.

FCI-Nummer	240
Ursprungsland	Ungarn
Schulterhöhe	R 65–70 cm, H 62–67 cm
Gewicht	R 22–30 kg, H 22–26 kg

Veränderungen

Jahrhundertelang wurde die traditionelle Windhundjagd in Ungarn vom Hofe wie von den Landsitzen und Herrenhöfen aus betrieben. Das 19. Jahrhundert brachte eine zunehmende Einschränkung der Windhundjagd zu Pferd. Die Landwirtschaft und eine rationelle Waldwirtschaft entwickelten sich, worin die bisher freizügig ausgeübte Windhundjagd zu Pferd keinen Platz mehr hatte. Dann kam in der zweiten Hälfte des 19. Jahrhunderts der Trend zum Pferde- und Windhundsport nach englischer Manier auf. Man importierte in zunehmendem Maße englische Greyhounds und setzte sie auch zur „Veredelung" der ungarischen Hunde ein. Das führte bald zu einer weitgehenden Durchmischung der einheimischen Rasse. Ursprüngliche Agars verblieben am ehesten auf einsamen Bauernhöfen zum privaten Hasenfang. Während der beiden Weltkriege gingen in Ungarn die meisten Windhunde verloren. Erst in den Sechzigerjahren erwachte wieder Interesse an der nationalen Windhundrasse Ungarns, und man unternahm ernsthafte Anstrengungen, diese zu rekonstruieren.

Anerkennung und Standard

Seit 1966 ist der Magyar Agar offiziell als Rasse anerkannt. Während die in den ersten Jahren auf Ausstellungen gezeigten Magyar

Dem Magyar Agar wird eine starke Psyche und auch eine gewisse Wachsamkeit zugesprochen.

Typische Magyar Agars. Wie vom Standard gewünscht sind sie durch ihre stämmigere Gesamtkonstitution, die horizontale Rückenlinie und den breiteren Kopf recht gut von den anderen glatthaarigen Windhunden zu unterscheiden.

Agars noch ein ausgesprochen uneinheitliches Bild boten und große Typvariationen aufwiesen, ist heute der gewünschte Rassetyp schon deutlich zu erkennen. Konsequente Zuchtauswahl in Ungarn und sachverständige Richtertätigkeit waren zu diesem Zweck unverzichtbar und werden auch weiterhin wichtig sein.

Die im gültigen Standard festgelegten Rassekennzeichen betonen bewusst die Unterschiede zum Greyhound. Auch die Heraufsetzung der Länge der Rennstrecke auf 750 m und mehr bei internationalen Rennen trägt dazu bei. Eine lange Bahn fördert den bodenständigen, ausdauernden und damit typischen Magyar Agar gegenüber einem greyhoundartig schnell sprintenden Hund auf kurzer Strecke. Auch die ursprüngliche Jagd auf Puszta-Hasen ist in Ungarn noch zu finden. Sie findet unter Kontrolle einer nationalen Zuchtorganisation während der Jagdsaison als Leistungsprüfung statt.

Aussehen

Der Magyar Agar sollte etwas kleiner als der Greyhound sein und dabei stämmiger, ohne schwer zu wirken. Detailunterschiede liegen im breiteren Kopf mit ausgeprägten Backen und etwas Stirnabsatz, dazu in größeren, dickeren Ohren, die halb gefaltet an den Kopf angelegt oder v-förmig seitlich abgestellt werden können. Diese Ohrform stellt einen Übergang zum Hängeohr der Orientalen dar. Auch die eher gerade Rückenlinie und die großen kräftigen Pfoten von länglicher Form lassen einen Bezug zu den orientalischen Windhunden erkennen.

Farben und Behaarung

Fast alle Farben und Farbkombinationen der Windhunde sind gestattet mit Ausnahme von Blau, Braun, Wolfsgrau sowie Schwarz mit lohfarbenen Abzeichen. Die Behaarung ist kurz und dicht; im Winter kann sich Unterwolle bilden.

Beliebter Charakter

Die Anspruchslosigkeit in der Haltung und die zähe Natur des Magyar Agar werden in Ungarn geschätzt. Der Magyar Agar soll auch auf längeren Strecken nicht ermüden und auf schwierigem Gelände keine Probleme mit den Pfoten bekommen.

Der Magyar Agar kann eine sympathische Alternative für den Liebhaber des großen glatthaarigen Windhundes vom englischen Typ darstellen. Er besitzt eine starke Psyche und zeigt sich unerschrocken. Auch eine gewisse Wachsamkeit wird ihm nachgesagt. Dabei ist seine Grundhaltung freundlich und anhänglich. Er möchte sich bewegen und sportlich betätigen. Man sollte ihn fordern und ihm Aufgaben geben. Durch seine recht gute Erziehbarkeit kann man einiges erreichen. Da er auf Futter sehr gut anspricht, lässt er sich mit Belohnung dieser Art zum Lernen motivieren. Seine Verletzungsunanfälligkeit enthebt den Besitzer mancher Probleme. Da die meisten aber offensichtlich das Attribut der Spitzengeschwindigkeit nicht missen möchten, das dem ungarischen Windhund weniger eigen ist als dem Greyhound, ist der Kreis der Besitzer von Magyar Agars außerhalb Ungarns bisher noch begrenzt.

Der Chart Polski zeigt sich als großrahmiger, kraftvoller und muskulöser Windhund in allen Fellfarben mit deutlichem Selbstbewusstsein.

Der Chart Polski

Der Chart Polski ist die jüngste der von der FCI anerkannten Windhundrassen. 1992 wurde der erste Chart Polski in das Deutsche Windhundzuchtbuch eingetragen und nach weiteren fünf Jahren zählte man die ersten drei Würfe, die auch auf Ausstellungen erschienen.

Seit Jahrzehnten vertraut mit Barsoi und Greyhound, reagierten Hundekenner zunächst einmal verwundert, als hier scheinbar kurzhaarige Barsois auftauchten, oder waren es große Greyhounds mit etwas üppiger Behaarung und leicht veränderten Köpfen? Manche schwarzen Hunde mit lohfarbenen Abzeichen (Black and Tan) erinnerten wiederum entfernt an ebenso gezeichnete Sloughis. Nach einiger Zeit hatte man sich jedoch auf die neue Erscheinungsform eingestellt, die ihre so ganz eigene Ausprägung hat.

Aussehen

Der Chart Polski wird vom Standard als groß, kraftvoll und muskulös beschrieben, mit starkem Knochenbau und kräftigem Kiefer. Das Ganze darf nicht zulasten der Eleganz gehen, denn er soll dabei weder plump noch träge wirken. Vielmehr deuten seine wachen Augen mit dem durchdringenden Blick auf seine Jagdeigenschaften hin. Der Chart Polski besitzt keine aufsehenerregenden Attribute, weder eine üppige Haarpracht noch einen superfeinen, edlen Körperbau oder einen sensibel-melancholischen Gesichtsausdruck. Er ist vielmehr ein Arbeitshund und soll ein solcher sein. Sein Rücken ist über der Len-

FCI-Nummer	333
Ursprungsland	Polen
Schulterhöhe	R 70 – 80 cm, H 68 – 75 cm
Gewicht	R 35 – 40 kg, H 26 – 30 kg

denpartie leicht gewölbt, und Hals und Kopf werden korrekterweise nicht hoch erhoben getragen, sondern eher leicht schräg nach vorn. Der Schädel ist flach, der lange Fang nicht spitz, sondern eher stumpf endend, wobei der Nasenrücken eine leichte Wölbung zum Nasenschwamm hin aufweist, aber keinesfalls eine „Ramsnase". Die Ohren liegen nach hinten gefaltet, können auch dachförmig abgestellt und bei Erregung völlig aufgerichtet oder mit leicht nach vorn gekippter Spitze getragen werden.

Das Haarkleid unterscheidet sich deutlich von dem der anderen Windhundrassen. Es

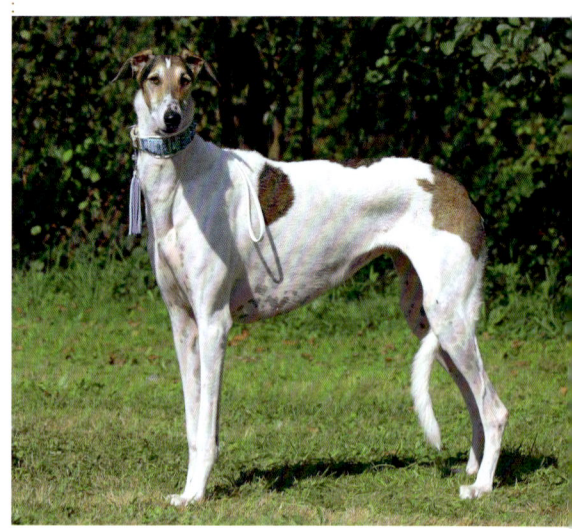

In Ruhe zurückliegende Ohren, aufmerksamer durchdringender Blick, wenig betonter Stirnabsatz und ein eher stumpf endender Fang kennzeichnen den Kopf.

Man kann den Chart Polski optisch und wesensmäßig als ein Bindeglied zwischen dem orientalischen und dem westlichen Windhundtyp ansehen.

erscheint zwar insgesamt kurz, seine Struktur ist aber länger und kräftiger als bei den klassisch kurzhaarigen Rassen. Dabei ist es an der Rückseite der Hinterschenkel und an der Unterseite der Rute lang und bildet leichte „Hosen" und eine Bürste. Erlaubt sind alle Fellfarben. Das Idealmaß beträgt 68 bis 75 cm für Hündinnen und 70 bis 80 cm für Rüden.

Geschichte

Zur Geschichte des historischen Chart Polski gibt es einige Anhaltspunkte. Die Existenz polnischer Windhunde ist durch alte Chroniken seit dem 16. Jahrhundert belegt. Erwähnt und abgebildet wurden sie vorrangig in der Jagdliteratur. Der älteste bildlich überzeugende Nachweis einer erkennbaren Rasse Chart Polski findet sich in der Zeitschrift „Sylwan" aus dem Jahr 1825. Auch die dort enthaltene Beschreibung trifft die Charakteristika des heutigen Chart Polski und betont Kraft, Mut und Ausdauer dieses Windhundes. Viel gemutmaßt wurde über die Rassen, die im Lauf der Geschichte zur Entstehung des Chart Polski beigetragen haben. Die Abstammung von asiatischen Windhunden vom Saluki-Typus wird als wahrscheinlich im Standard erwähnt. Bei der Suche nach den Wurzeln der Rasse darf man auch die bewegte Geschichte Polens nicht außer Acht lassen. Vom 16. Jahrhundert an bis in das zweite Drittel des 18. Jahrhunderts erstreckte sich das polnische Reich über Teile der Ukraine bis zum Fluss Dnjepr und bis zur Krim. Daher ist auch die Barsoi-Komponente augenfällig und erklärbar. Greyhounds waren in ganz Europa fürstliche Geschenke und nahmen Einfluss auf die Rassen, so auch deutlich auf den Chart Polski. Man kann daher sagen, der Chart Polski steht optisch und wesensmäßig zwischen dem orientalischen und dem westlichen Windhund.

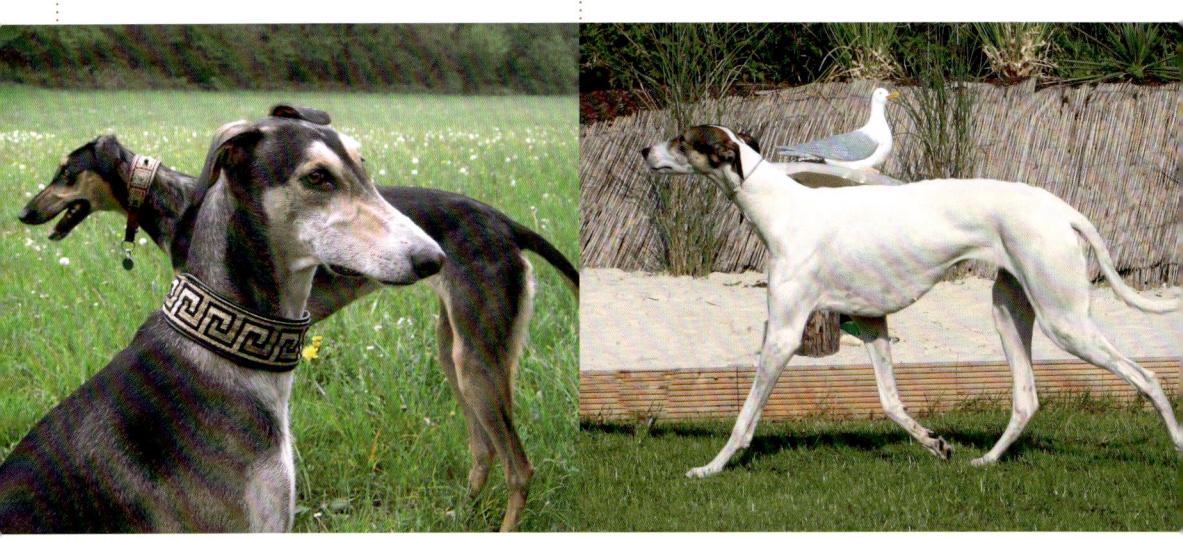

Okzidentale (westliche) Windhunde

Der Chart Polski ist ein vielseitig einsetzbarer leistungsbereiter Sporthund.

Rückgang der Rasse und Rekonstruktion

Die Weltkriege und ihre Folgen brachten auch in Polen das Erlöschen der Windhundhaltung. 1946 wurde die Jagd mit Windhunden in ganz Polen verboten. In den Siebzigerjahren erklärte die polnische Kynologie den Chart Polski für ausgestorben. Exakt zu dieser Zeit wurde aber eine entschlossene Privatinitiative zur Rekonstruktion der Rasse gestartet. In diesem Zusammenhang spielte unzweifelhaft die Nähe zum Chortaja Borzaja im Nachbarland Ukraine eine besondere Rolle. Der Chortaja Borzaja ist eine der vier russischen Windhundrassen. Nach vielen Meinungsverschiedenheiten, ob polnische Rasse, russische Rasse oder polnisch/ukrainische Rasse, und Kompetenzstreitigkeiten mit Russland ging man vorwärts und erreichte 1986 die provisorische Anerkennung durch die FCI. Seit 1999 hat der Chart Polski seinen endgültigen Status als Standardhund.

Charakter

Der heutige Chart Polski ist ein intelligenter, wesensfester, vielseitig begabter Windhund. Sympathisch und angenehm verhält er sich in der Familie. Bei entsprechender Sozialisierung ist er gut zu kontrollieren und gilt auch als gut führbar. Gern übernimmt er Lernaufgaben in engem Kontakt mit seinem Besitzer. Dabei ist auch eine gewisse Wachsamkeit vorhanden. Der Chart Polski zeigt eine gute Portion Selbstbewusstsein, auch anderen Hunden gegenüber.

Früher wurde er zur Jagd auf sämtliches Wild gebraucht, vom Kleinwild bis hin zum Reh und sogar Wolf, und war auch unter schwierigen Bedingungen einsetzbar. Schnelle und heftige Reaktionen werden ihm daher vom Standard bescheinigt. Heute nimmt der Chart Polski Windhundrennen und besonders auch Coursings gut an und zeigt sich als begeisterter Sporthund.

Züchterisch kann noch an einer weiteren Vereinheitlichung des Rassetyps gearbeitet werden. Da die Zuchtbasis der Rasse aber recht klein ist, muss besonders die Erbgesundheit im Auge behalten werden.

Der Irish Wolfhound (IW) ist nicht nur der größte Windhund, sondern er gehört auch zu den imposantesten Riesen des ganzen Hundegeschlechts.

Der Irish Wolfhound

Der Name des Irish Wolfhounds, früher auch als Irish Wolfdog oder Irish Greyhound erwähnt, gibt uns bereits in zweierlei Hinsicht Auskunft über ihn. Die Heimat dieses Hundes ist Irland. Sein Verwendungszweck war die Wolfsjagd bzw. auch der Schutz vor Wölfen. Die deutsche Übersetzung „Wolfshund" sollte nicht dem Missverständnis Vorschub leisten, er sei selbst ein wolfsähnlicher Hund, auch wenn die Farbe und Struktur seines Haarkleides eine solche gedankliche Verbindung nahelegen könnten.

Körperbau und Aussehen

Mit gewöhnlich über 80 cm Schulterhöhe ist der Wolfhound nicht nur größer als alle anderen Windhunde, sondern einer der imposantesten Riesen des ganzen Hundegeschlechts. Das Gewicht beträgt beim Rüden mindestens 54 kg. Man kann sich vorstellen,

FCI-Nummer	160
Ursprungsland	Irland
Schulterhöhe	R mindestens 79 cm, H mindestens 71 cm
Gewicht	R mindestens 54,5 kg, H mindestens 40,5 kg

welche Kraft dieser mächtige Hund entfalten kann. Zum Glück ist er relativ leicht zu lenken. Seine Gesamterscheinung ist majestätisch und eindrucksvoll. Er darf nicht so schwer und massiv sein wie die Deutsche Dogge, sondern mehr wie der Deerhound, dessen Typ er im Übrigen gleichen muss.

Der Irish Wolfhound soll trotz seines mächtigen Baus Eleganz nicht vermissen lassen und in seinen Bewegungen leicht und locker wirken, wozu ihn eine starke Bemuskelung befähigt. Der Standard beschreibt einen großen Hund mit gesunder, funktionaler Anatomie, der in der Lage ist, eine lange Jagd mit hoher Geschwindigkeit nach großer und manchmal aggressiver Beute durchzuhalten. Gerade gewachsene Vorder- und Hintergliedmaßen mit Pfoten, die weder ein- noch ausdrehen, eine sehr tiefe, breite Brust, ein fester Rücken von guter Länge und ein hoch getragener Kopf, gut in der Länge, aber mäßig in der Breite, sind die Mindestanforderungen an einen gesunden, gut gewachsenen Irish Wolfhound. Das kleine Ohr wird in Rosenform verletzungsunanfällig nach hinten gefaltet; ein Hängeohr wäre fehlerhaft.

Mit raumgreifenden Sprüngen und großer Lauffreude nimmt dieser Irish Wolfhound am Windhund-Coursing teil.

Diese Irish Wolfhounds schätzen und genießen die Gesellschaft mit ihresgleichen. Sie sind untereinander und mit anderen Hunden gut verträglich. Menschen und auch Kinder gehören zu ihren Freunden.

Widerstandsfähiges Fell

Das Haar ist rau und hart an Körper, Beinen und Kopf und besonders drahtig und lang über den Augen und unterm Kinn. Die Struktur des Haares mit einem weichen dichten Unterhaar, bedeckt von rauem Oberhaar, befähigt den Wolfhound, mit den Unbilden nordischer Witterung, Nässe und Kühle, fertig zu werden. Gleichzeitig kann er auch durch Dick und Dünn streifen, ohne dass Dornen oder Teile von Sträuchern und dergleichen in seinem Haar hängen bleiben. Schlechter wird er allerdings mit Hitze fertig, die besonders für ältere Tiere kritisch werden kann.

Verwendung des Irish Wolfhounds

Der Irish Wolfhound war traditionell ein Hetz- und Kampfhund, fähig, mit jedem Wetter und rauen Bodenverhältnissen sowie dichter Vegetation zurechtzukommen. Er galt nach dem Jagdhund als der am meisten geschätzte und begehrte Hund früherer Jahrhunderte – nicht nur wegen seiner Jagdtapferkeit, sondern auch deshalb, weil er ein ungewöhnlicher Wächter und Gefährte des Menschen war.

Als der Wolfhound in früheren Jahrhunderten noch die Anführer in die Schlacht begleitete, erwartete man von ihm, sich tatsächlich am Kampf zu beteiligen. Er sollte einen Mann packen und vom Pferd zerren können. In der irischen Mythologie und in alten Heldensagen findet der mächtige Hund ehrenvolle Erwähnung. An den Heldentaten keltischer Stammesfürsten hatten vielfach die mutigen Aktionen ihrer großen Hunde maßgebenden Anteil. Als ständige Begleiter und Leibwächter ihrer Herren wurden sie nicht wie gewöhnliche Hunde gehalten, sondern hatten ihren Platz an deren Tafel und vor ihrem Lager.

Zwei beeindruckende Hundepersönlichkeiten, deren Vorfahren ihren Platz in der Geschichte Irlands haben, wobei Geschichte und Sage eng miteinander verwoben sind.

Der heutige Irish Wolfhound ist nicht unbedingt ein Wachhund oder gar Kampfhund. Er flößt aber allein durch seine Erscheinung Achtung und Respekt ein.

Besondere Jagdhunde

Auf der Jagd wurden Irish Wolfhounds auf Wolf, Hirsch, Elch und Eber angesetzt, die es in früheren Zeiten in Irland reichlich gab. Dabei ging es nach überlieferten Darstellungen wohl so zu, dass andere Hunde das Aufspüren und Treiben des Wildes übernahmen. Der Part der Wolfhounds begann erst in der Endphase der Jagd, wenn es daranging, das große und teilweise wehrhafte Wild zu packen und zu erlegen.

Dass schon die Römer bei ihrer Eroberung der Britischen Inseln die erstaunlichen großen Hunde vorfanden, ist uns überliefert. Der römische Konsul Quintus Aurelius Symmachus bedankte sich im Jahr 391 in einem Brief bei seinem in Britannien stationierten Bruder für die Übersendung von sieben dieser Hunde. Er hatte sie in der römischen Arena vorgeführt und damit ganz Rom beeindruckt.

Verlust der Wolfshunde

Die großen irischen Hunde waren in der Folgezeit stets begehrte, würdige Geschenke für andere Fürsten und Könige. Irland war lange Zeit ein Knotenpunkt für den Handel von Nord nach Süd. Nachdem seit dem 12. Jahrhundert das englische Königshaus die Herrschaft über Irland übernahm, wurden viele Irish Wolfhounds für den eigenen Bedarf aus Irland abgezogen und darüber hinaus unter dem Adel in ganz Europa verschenkt. Der päpstliche Nuntius Rinnecius beschrieb den Hund folgendermaßen: „Ein Tier, das durch seine Majestät, seine Größe, die wunderbare Vielfalt seiner Farbe und die Proportion seiner Glieder so wertvoll ist, dass es ein angemessenes Geschenk für jeden Kaiser der Welt ist."

Als Folge des übermäßigen Exports im 16. Jahrhundert hatte der Bestand im Mutterland der Rasse besorgniserregend abgenommen.

Der Irish Wolfhound fühlt sich im Freien und auf großen Grundstücken wohl. Bei angemessenem Platz und Auslauf ist er ein souveräner und ruhiger Hausgenosse.

Aber selbst ein Ausfuhrverbot, das 1652 von Oliver Cromwell, dem damaligen englischen Generalgouverneur Irlands, erlassen wurde, konnte das Verschwinden der Irish Wolfhounds nicht mehr aufhalten. Zusammen mit der Ausrottung des Wolfes in Irland Ende des 17./Anfang des 18. Jahrhunderts ging auch die große Zeit der berühmten irischen Hunderasse zu Ende. Im 18. Jahrhundert wird der Irish Wolfhound in naturwissenschaftlichen Werken nur noch mit Hinweis auf seine Seltenheit erwähnt.

Rückzüchtung

Im zweiten Drittel des 19. Jahrhunderts wurde der Irish Wolfhound dann quasi neu erzüchtet. Captain Graham ging in die Annalen der Rasse ein als der Mann, dem der „moderne" Wolfhound seine Existenz verdankt. Unterstützt von einigen anderen Züchtern wurden in zwanzigjähriger Experimentierarbeit die letzten aufzufindenden wolfhoundblütigen Hunde mit anderen großen Rassen gekreuzt. Der maßgebliche Typgeber war der verwandte Deerhound, aber auch Deutsche Dogge, Barsoi und Pyrenäenhund sollen beteiligt gewesen sein. Deren selektierte Nachkommen bilden die Ahnen des heutigen Irish Wolfhounds, eines getreuen Abbilds des antiken irischen Riesen, dessen Merkmale bei der Neuzüchtung Vorbild waren.

Ein Gemälde von Reinagle von 1803 zeigt beispielsweise einen rauhaarigen Wolfhound des antiken Typs, so wie er heute wiedererstanden ist.

Anerkennung

1885 wurde der Irish Wolfhound Club in England gegründet und ein Standard aufgestellt. 1925 erfolgte auch die Gründung des Irish Wolfhound Clubs in Irland. Auch der Jagd- und Hetzinstinkt ist im modernen Irish Wolfhound angelegt. Das war öffentlich zu beweisen, als Anfang des 19. Jahrhunderts ein Wolfhound vor Vertretern des englischen Kennel Clubs an einem Rennen teilnehmen musste, wo er in der Tat einen Hasen erjagte. Seitdem werden die Irish Wolfhounds zu den „sporting dogs" gezählt und sind als Windhunde anerkannt, obwohl es Kynologen gibt, die den Begriff „windhundähnlich" für angebrachter halten.

Trotz seines mächtigen Körperbaus soll der IW eine gesunde, funktionale Anatomie besitzen und dabei auch die Eleganz nicht vermissen lassen. Diese Kriterien erfüllt die hier abgebildete Rassevertreterin in hohem Maße.

Während der beiden Weltkriege war die Irish-Wolfhound-Zucht noch einmal bedroht, da die Mangelsituation jener Zeit besonders die großen Rassen hart traf. Dieses Problem haben wir heute nicht mehr. Nachdem bereits vor dem Ersten Weltkrieg einige Irish Wolfhounds in Deutschland zuchtbuchmäßig Erwähnung fanden, wurden gegen Ende der Sechzigerjahre die ersten Irish Wolfhounds der neuen Ära nach Deutschland importiert. Seitdem hat die Wolfhound-Zucht eine geradezu stürmische Entwicklung genommen.

Das Maximum Wolfhound

Zu dem Maximum „größter Hund" ist noch ein zweites gekommen: Windhund mit der über Jahre größten Zuchtzahl. Bereits 1989 löste er die bis dahin beliebteste Windhundrasse, den Afghanen, von der Spitze ab. In den letzten Jahren liegen seine Welpenzahlen mit ca. 450 bis 600 Tieren pro Jahr knapp hinter denen des handlichen Whippets, der die Beliebtheitsskala anführt. Das ist zwar, wenn man es mit dem Bestand anderer Rassehunde vergleicht, immer noch wenig, für Windhunde aber ist es außergewöhnlich. Ob es wohl daran liegt, dass viele Interessenten im Irish Wolfhound gar keinen Windhund sehen, sondern einfach das Maximum?

Ein besonderer Anblick: Der ganze Trupp junger Irish Wolfhounds folgt bereitwillig der Führungsperson, die ihre rauhaarigen Begleiter entsprechend motiviert.

1 *Der erwachsene IW in Ruheposition, dennoch mit aufmerksamem Blick unter buschigen Augenbrauen.*
2 *Noch könnte man ihn auf den Arm nehmen und tragen, den kleinen IW im Alter von ca. fünf Wochen.*

Ein Wolfhound braucht Platz

Wer einen Irish Wolfhound halten möchte, sollte erstens gewisse räumliche Voraussetzungen erfüllen und zweitens die notwendigen Mittel haben, um seinen Nahrungsbedarf und eventuelle Aufbaupräparate oder Medikamente zu finanzieren. Ihren Dimensionen entsprechend brauchen Wolfhounds genügend Platz und Bewegungsfreiheit. Eine kleine, zentralbeheizte Wohnung zum Beispiel, die nur über mehrere Treppen zu erreichen ist, ist genauso wenig geeignet wie ein Zwinger. Auch der Wolfhound möchte in das Familienleben einbezogen werden und keinesfalls ständig ausgesiedelt leben. Er sollte sich auf einem größeren Grundstück bewegen können oder in einer weiten Landschaft eine Ausgleichsbetätigung für die frühere jagdliche Verwendung finden. Wo ausgiebige Bewegung fehlt, verliert sich der Adel der Figur.

Auch ein Irish Wolfhound soll straff und muskulös sein, nicht fett oder schlaff. Aber auch einen Wolfhound sollte man nur mit der nötigen Umsicht frei laufen lassen. Viele Tiere können, was aufgrund ihres Äußeren nicht verkannt werden sollte, ihren Renn- und Hetztrieb nicht verleugnen.

Welpenaufzucht

Die Zucht und Aufzucht ist aufwendig und kostspielig. Man muss davon ausgehen, dass diese schnell wachsenden Tiere qualitativ und quantitativ anspruchsvollstes Futter benötigen. Sie brauchen natürlich Freilicht, Freiluft und Freiland, um sich gut zu entwickeln. Das Hauptwachstum findet während der ersten 10 Monate statt. Ein Welpe kann pro Monat bis zu 9 cm wachsen und bis zu 9 kg zunehmen. Mit Spezialfütterung wird in diesen ersten 10 Monaten das Tier sozusagen „aufgebaut". Zur Unterstützung eines korrekten Knochenbaus empfiehlt sich eine spezielle Bewegungstherapie mit den Junghunden, genau abgemessen zwischen Zuviel und Zuwenig, zumal schon das Eigengewicht eine starke Inanspruchnahme von Schultern, Rücken und Extremitäten bedingt.

Die anspruchsvolle Aufzucht stellt die Grundlage für die spätere körperliche Verfassung und die Ausbildung eines ebenmäßigen Laufwerks dar.

Durchhängender Rücken, ausgedrehte Gliedmaßen und steifer Bewegungsablauf sind Mängel, die man unbedingt zu vermeiden suchen sollte. Dem Neuling wird gerade in der Aufzuchtphase ein enger beratender Kontakt mit seinem Züchter empfohlen, der ihm seine Erfahrungen gern vermitteln wird.

Gesundheit und Pflege

Auf die Gesundheit des Irish Wolfhounds muss besonders geachtet werden, denn die außergewöhnliche Größe birgt auch ein Risiko zum Beispiel für Herz- oder Hüftgelenkserkrankungen.

Der zukünftige Wolfhound-Besitzer sollte wissen, dass die Lebenserwartung der Rasse bei aller Mühe und Fürsorge wesentlich geringer ist als die der kleineren Windhunde. Acht Jahre sind ein hohes Alter.

Vom pflegerischen Aufwand her ist das grobe dichte Fell angenehm. Es erfordert wenig Pflege, nur ein gelegentliches Überbürsten. Auch bei schlechtem Wetter bringen die rauhaarigen Windhunde nicht allzu viel Schmutz mit ins Haus. Wind und Wetter beeindrucken sie nicht.

Gentleman in grauem Mantel

So gigantisch und Achtung gebietend der Wolfhound dasteht, er ist ein echter Gentleman. Niemals bellt oder beißt er unnötig. Nach Windhundart ist er ruhig und anpassungsfähig. Ein vornehmer, liebenswürdiger Charakter zeichnet ihn aus. Er ist tolerant zu seiner Umgebung und auch für Kinder ein verlässlicher, gutmütiger Umgang. Fremden gegenüber gibt er sich reserviert, aber freundlich. Verfehlt wäre der Gedanke, den Wolfhound als Wach- oder Schutzhund einzusetzen. Darauf ist er wesensmäßig nicht eingerichtet. Englische Züchter haben sich über Jahrzehnte hinweg die Mühe gemacht, aus dem Irish Wolfhound einen sanften Begleithund zu züchten, dem es dennoch nicht an Instinktsicherheit und Aufmerksamkeit fehlt. Allein durch seine Erscheinung und Größe flößt der Irish Wolfhound den gebührenden Respekt ein.

Der Deerhound wurde in den vergangenen Jahrhunderten in unwegsamen bergigen Regionen Schottlands zur Hirschjagd eingesetzt.

Der Deerhound

Der Deerhound ist der große rauhaarige Windhund Schottlands. Sein Name Deerhound, also Hirschhund, bürgerte sich erst zu Beginn des 19. Jahrhunderts ein. Bis dahin wurde er auch Irish Greyhound, Scottish Staghound, Scotch Greyhound und Highland Greyhound genannt.

Beim Anblick von Deerhounds erstehen vor dem geistigen Auge unweigerlich Bilder von schottischen Burgen und ausgedehnten Parks rund um herrschaftliche Landsitze. Der Deerhound ist ein großer, dabei elegant wirkender Hund, dem man zutraut, dass er es mit einem Hirsch aufnehmen kann.

Körperbau

Selbstverständlich sollen die Windhundeigenschaften dem Deerhound ihren ausgesprochenen Stempel aufdrücken. Der Rücken, Sitz verhaltener Kraft und Elastizität, ist weniger gebogen als bei Greyhound und Barsoi, aber markanter als beim Wolfhound. Seine Form ist ein langes Rechteck. Die Beschaffenheit der Gliedmaßen und Pfoten, der Brust, der Lenden, der Kruppe und Rute soll den auch an die übrigen Hetzhunde gestellten Anforderungen entsprechen. Dabei hat er starke Knochen, muskulöse Oberschenkel und eine vorzügliche Kniewinkelung, da er in bergigem, unwegsamem Gebiet hetzen und Großwild anspringen können musste.

Der Kopf des Deerhounds, mäßig rauhaarig und mit Augenbrauen und Bart ausgestattet, zeigt, von der Seite besehen, in vergrößertem Maßstab etwa die Proportionen des Greyhounds. Nicht zu kurz, aber kräftig – diese Anforderungen werden nicht nur an Kopf und Fang, sondern besonders auch an den Hals des Deerhounds gestellt, was mit seiner Arbeit zu tun hat.

FCI-Nummer	164
Ursprungsland	Großbritannien
Schulterhöhe	R mindestens 76 cm, H mindestens 71 cm
Gewicht	R ca. 45,5 kg, H ca. 36,5 kg

Farben und Fell

Die Farben des Deerhounds beschränken sich heute auf die Grautöne in allen Schattierungen, während die älteren Farben wie Rotbräunlich oder Gelb im Standard aus Tradition noch genannt werden, in der Praxis aber

Trotz seiner Größe beeindruckt der Deerhound mit nahezu müheloser Sprungkraft

nicht mehr vorkommen. Mit dem rauen, drahtigen, Nässe abweisenden Haarkleid ist er für das britische Hochlandklima und für den Freiluftaufenthalt bestens ausgerüstet. Das Haar ist im Nacken, auf dem Rücken und den Seitenflächen des Rumpfes am härtesten und soll das kleine, zurückgefaltet getragene Ohr möglichst freilassen.

Deerhound und Wolfhound

Für Laien ist es zuweilen nicht leicht, die Vertreter der beiden rauhaarigen Rassen Deerhound und Wolfhound auseinanderzuhalten. Immerhin sind sie auch in Aussehen, Wesen und Abstammung nahe Verwandte.

Während der Irish Wolfhound in erster Linie den Eindruck gestandener Kraft vermittelt, zeigt der Deerhound weit klarer den reinen Windhundtyp. Mit einer Mindestschulterhöhe von 76 cm beim Rüden ist der Deerhound mit dem Wolfhound fast identisch, vom Gewicht her ist er jedoch einige Kilogramm leichter. Die unterschiedliche Verwendung der beiden rauhaarigen Rassen hat auch ihren Typ geprägt. War der Irish Wolfhound der massige Hetz- und Kampfhund im flacheren Irland, so tat der zwar kräftige, aber weniger schwere, elastischer wirkende Deerhound seine Arbeit bei der Hirschjagd im Hochland Schottlands.

Der Deerhound, früher ein Hund schottischer Edelleute, ist selbst ein Aristokrat.

In Schottland wurde bis in die jüngste Vergangenheit noch die althergebrachte Deerhound-Jagdtradition gepflegt. Das Foto rechts zeigt die Ausschau nach dem Hasen auf einem Open-Coursing in den Highlands.

Nahe Verwandte

Zoologisch gesehen dürfte es sich bis zur Mitte des 19. Jahrhunderts um eine Rasse mit zwei Varianten gehandelt haben. Auch ihre Besitzer, Iren und Schotten, gehören ethnisch derselben keltischen Volksgruppe an und unterhielten stets auch Familienbande.

Der Deerhound war zudem der wesentliche Typgeber für den Irish Wolfhound in der jüngeren Vergangenheit: Bei der züchterischen Rekonstruktion des Irish Wolfhounds im 19. Jahrhundert waren die Vertreter der Wolfhound-Linie nahezu komplett ausgestorben; es standen aber immer noch reinblütige unverfälschte Deerhounds zur Verfügung.

Die Frage, ob es sich bei den großen rauhaarigen Windhunden ursprünglich um das Relikt einer Urhundrasse handelte, eventuell als direkte Nachkommen des Wolfes, oder vielmehr um ein Produkt aus keltischem Windhund und anderen großen Rassen, wird sich nicht mit Sicherheit klären lassen. Eine weitere Theorie geht davon aus, dass ihre Vorfahren glatthaarig gewesen seien und das raue Haarkleid erst im späteren Verlauf ihrer Geschichte, vielleicht im Mittelalter, erworben haben.

Schottische Adelshunde

In Schottland, wie überall in Europa, war die Jagd auf Großwild stets ein Vorrecht des Adels. Mehr noch als bei anderen Windhunden wurde beim Deerhound darauf geachtet, dass ihn kein niederer Lehensmann besaß und etwa in den Wäldern der Großgrundbesitzer „wilderte".

Die Deerhounds waren in der Obhut der „Chieftains" der verschiedenen schottischen „Clans". Dort hatten sie seit je ihren ange-

stammten Platz nicht im abgeschlossenen Zwinger, sondern im offenen Haus und in der Halle, wo die Leute ein und aus gingen. Dort liegt die Wurzel ihres verlässlich unaggressiven, meist sogar sehr freundlichen Verhaltens auch gegenüber fremden Menschen.

Die großen rauhaarigen Deerhounds sind keine Sprinter wie der englische Greyhound. Sie jagen langsamer, aber ausdauernder. Zwei Deerhounds, mit denen ein Jäger sich bis auf Sichtweite an einen Hirsch in natürlicher Landschaft angepirscht hatte, waren in der Lage, diesen müde zu hetzen und niederzureißen oder ihn bis zum Eintreffen des Jägers festzuhalten. Die Jagd auf den wehrhaften Hirsch war auch für die Deerhounds nicht ungefährlich und konnte durchaus mit Verletzungen einhergehen.

Niedergang der Rasse

Nach 1746, als Schottland unter englische Oberherrschaft geriet, endete die große Zeit der Deerhounds. Mit der Beseitigung des schottischen Clansystems gingen auch die meisten der alten Deerhound-Zuchten zu Ende. Zudem wandelten sich die ökonomischen Bedingungen, als die Ländereien großflächig der Schafzucht zur Verfügung gestellt wurden und viele Menschen in die aufkommenden Industriestädte abwanderten oder überhaupt auswanderten.

Mit dem Gebrauch der Feuerwaffe kam Anfang des 19. Jahrhunderts eine neue Form der Sportjagd auf, das „Deer-Stalking". Dabei wurden nur noch Stöber- und Schweißhunde gebraucht; echte Windhunde waren überflüssig geworden. Bei den deerhoundartigen Hunden, die man auf Abbildungen jener Zeit sehen kann, dürfte es sich nur noch um Statisten gehandelt haben bzw. um Deerhound-Mischlinge. Dennoch wurde die Jagd als solche wieder interessant, und man erinnerte sich auch wieder des Deerhounds, der aristokratischen alten Nationalrasse Schottlands.

Neues Interesse

Einen großen Anteil daran hatte der berühmte Dichter Sir Walter Scott, der durch seine vielen historischen Romane wieder Interesse an der pittoresken Welt des alten Schottlands erweckte und den Deerhound darin verewigte. Daneben fanden die Bilder Sir Edwin Landseers, eines bedeutenden Tiermalers, weite Verbreitung in Schottland und England.

Der Deerhound kombiniert souveräne Ruhe mit Hetzleidenschaft und Ausdauer. Sein raues und zottiges Haarkleid schützt ihn vor Nässe und Kälte.

Seine angestammte Jagdpassion und Ausdauer kann der Deerhound heutzutage beim Sport-Coursing beweisen.

Unzählige von ihnen hatten den Deerhound und die Hirschjagd zum Thema.

Nachdem auch Queen Victoria und Prinzgemahl Albert eine besondere Vorliebe für Schottland und den Deerhound öffentlich bekundeten, nahmen sich engagierte Züchter der Rasse wieder an und sorgten für ihre Neubelebung. Reinblütige Deerhounds waren zwar selten geworden, hatten aber in abgelegenen Teilen Westschottlands überleben können.

Standard

Der 1886 gegründete britische Deerhound Club hat mit gutem Gespür viele Fehler ausgemerzt und damit grundlegende Ausgangspositionen für die Zucht dieses Jahrhunderts geschaffen. Der noch Ende des 19. Jahrhunderts aufgestellte Standard hat bis heute nur wenige Änderungen, meist Präzisierungen, erfahren. Mancher Champion des vorigen Jahrhunderts würde auch heute noch bestehen können. Das ist umgekehrt ein Zeichen dafür, dass der prägnante Typ des urtümlichen Hetzhundes keine Veränderung erfahren hat und eine solche auch nicht erwünscht ist. Lediglich die Durchschnittsgröße der Deerhounds war in der zweiten Hälfte des 19. Jahrhunderts noch erheblich geringer als heute.

Liebhaberrasse

Dank der Schönheit seiner Linien, des Adels seiner Erscheinung und der hohen Qualitäten seines Charakters hat der Deerhound zu allen Zeiten seine Liebhaber gefunden.

In Deutschland erscheint der Deerhound, wie auch der Wolfhound, aufs Neue zu Beginn der Siebzigerjahre, nachdem er bereits zwischen 1920 und 1930 sein Debüt gab. Keineswegs knüpft er aber an den Boom des Irish Wolfhounds an; seine jährliche Eintragungsrate beträgt nur ca. ein Zehntel der Wolfhound-Zahlen.

Der Deerhound ist ein schottischer Aristokrat, und so sollte er auch behandelt werden. Man kann diese Windhundrasse lieben und gleichzeitig respektieren. Von freundlichem Charakter und ausgeglichenem Temperament zeigt er sich zu Hause, wenn ihm angemessener Platz und Auslauf zur Verfügung steht.

Was die Aufzucht angeht, so ist auch beim Deerhound ähnliche Sorgfalt am Platz wie beim jungen Irish Wolfhound. Die schnell wachsenden Jungtiere benötigen ein durchdachtes Ernährungs- und Bewegungsprogramm, das genau zwischen Zuviel und Zuwenig abgewogen sein sollte.

Deerhounds und Coursings

Deerhound-Besitzer sind auch bemüht, ihren Tieren eine windhundsportliche Betätigungsmöglichkeit zu verschaffen, eingedenk der Tatsache, dass die großen Hunde für Ausdauer-Hetzarbeit geschaffen wurden. Anstelle der längst auch in Großbritannien verbotenen Hirschjagd sollte eine Ersatzarbeit zur Erhaltung der Rasse in möglichster Ursprünglichkeit beitragen. Aus diesem Gedanken heraus führte der Deerhound Club in Schottland bis in die jüngste Vergangenheit „Hare Coursings" durch; das sind Jagden jeweils zu zwei Hunden auf echte Hasen im freien Hochland.

Überall sonst in Europa, so auch in Deutschland, werden Coursings auf eine Attrappe als Lockmittel angeboten. Mit dem Besuch solcher Coursings oder durch Läufe auf der Rennbahn kann der Besitzer seinem Tier eine angemessene sportliche Betätigung verschaffen. Dabei kann der Deerhound seine typische Laufaktion entfalten: kraftvoll und raumgreifend, dennoch für die Größe des Hundes von erstaunlicher Mühelosigkeit. Dabei dürften die hiesigen Parcours für die großen Rassen durchaus bedeutend länger sein.

Okzidentale (westliche) Windhunde

Um 1900 galt der Barsoi als das Sinnbild des Windhundes schlechthin.

Der Barsoi

Der Barsoi entzieht sich dem Schema der klaren Aufgliederung der Windhunde in okzidentale und orientalische. Wenn es von den äußeren Merkmalen zwar gerechtfertigt erscheint, ihn in der Reihe der westlichen Windhunde mit aufzuführen, so gehört der Barsoi von seinem Wesen her nicht zu dieser Gruppe. Parallelen wesensmäßiger Art wird man eher in der Beschreibung der Orientalen finden.

Russischer Spezialist

„Psovaja borzaja" wird er in Russland genannt. „Borzoi", das Wort, von dem die Rasse bei uns ihren Namen ableitet, bedeutet so viel wie schnell oder flink. Unverwechselbar und einzigartig hebt sich die Rasse der russischen Barsois von allen anderen bei uns vorkommenden Windhunden ab. Russland, nicht mehr ganz Asien, noch nicht ganz Europa, seit alters her Treffpunkt von Ost und West – das ist die Welt, in der der Barsoi im Verlauf der vergangenen Jahrhunderte entstand. Unendliche Weite und Ausdehnung des Landes und unkontrollierbare Rudel räuberischer Tiere verlangten einen großen, ausdauernden Windhund mit Kraft und Mut. Er wurde von den russischen Jägern im Barsoi herangezüchtet und zur Vollkommenheit entwickelt.

Ebenso wie in seiner Heimat scheinen sich beim Barsoi das asiatische und das europäische Element zu treffen. Ersteres prägte sein Wesen, das zweite seine Gestalt mit dem gewölbten, langen Rücken, dem sehr langen schmalen Kopf, den kleinen anliegenden Rosenohren und den raumgreifenden Bewegungen. Wie ein Königsmantel umgibt ihn das vornehm gewellte oder groß gelockte, seidig weiche Haarkleid und verleiht ihm den Glanz aristokratischer Pracht.

Farbenvielfalt

Der Farbe ist ein weiter Spielraum gelassen. Wir sehen weiße Hunde oder solche mit hellen, goldenen, roten oder dunklen Tönen, gestromte oder graue in vielen Farbabstu-

Die Zeiten der Wolfsjagd in Russlands Weiten sind für die Barsois vorbei, die Freude an der Bewegung ist geblieben.

fungen. Häufig zeigt das Haarkleid des Barsois farbige Platten auf weißem Grund. Nur gegen Schwarz und schwarze Platten gab es jahrzehntelang starke Vorbehalte. Schwarz mit Brand gar war früher ein Disqualifikationsgrund, weil man diese Farbe als Zeichen für orientalisches Fremdblut im Barsoi wertete. Heute ist Schwarz voll anerkannt. In England und Amerika gab es nie diesbezügliche Beschränkungen. Blau und Schokoladenbraun ist dagegen ausgeschlossen.

FCI-Nummer	193
Ursprungsland	Russland
Schulterhöhe	R 75–85 cm, H 68–78 cm
Gewicht	R 49–45 kg, H 28–32 kg

Der Barsoi imponiert aber auch durch seine stattliche Größe, die beim Rüden ein Maß von 75 bis 85 cm Schulterhöhe aufweist. Die Hündin ist um ca. 7 cm niedriger. Eine Aura von Pracht und Hoheit umgibt den russischen Windhund. Man hat den Eindruck, dass man diese Hundepersönlichkeit umwerben muss, um ihre Gunst zu erlangen.

Entstehung der Rasse

Nur wenig zuverlässiges Material steht uns zur Verfügung, um den Werdegang dieser Rasse in der älteren Geschichte zu verfolgen. Der früheste Nachweis über die Vorfahren des Barsois datiert aus dem 11. Jahrhundert. Es sind Fresken in der Sophienkathedrale in Kiew, der ältesten russischen Steinkirche, die Szenen der Hetzjagd mit Windhunden

Der edle besonders lange und schmale Kopf des Barsois wirkt trocken, hat ein markant gebogenes Stirn-Nasen-Profil, einen flachen Oberkopf und fein anliegende Lippen. Die Augen sind dunkel und leicht mandelförmig geschnitten.

Der grau-rot gewolkte Barsoi im federnden Trab.

darstellen. Aus dem Jahr 1550 stammt eine weitere der wenigen historischen Abbildungen, die uns Hinweise auf den frühen Barsoi geben. Drei Hunde, die die Pilgerfahrt des Großherzogs von Moskau mitmachen, sind in einem Messbuch abgebildet. Deutlich lassen sie bereits die typischen Barsoi-Merkmale erkennen: lange schmale Köpfe, kleine Ohren, sichelförmig getragene Rute und welliges Haarkleid.

Verwandtschaften

Welche Rassen zur Entstehung des Barsois herangezogen worden sein können, ist ein Thema, das zu den verschiedensten Theorien Anlass gab, ohne dass jedoch eine befriedigende Lösung gefunden wurde. Verwandtschaften sind auf jeden Fall im alten Kurländischen Windhund im Nordwesten Russlands und in den asiatisch-orientalischen Tazi-Formen im Süden zu suchen. Ersterer kam noch bis in jüngerer Zeit im Gebiet des heutigen Lettland vor: ein großer, rauhaariger, mutiger Hetzhund, in etwa dem Typ des heutigen Deerhounds nahekommend. Der zweite, ein salukiähnlicher Schlag der sogenannten Krim- bzw. Kaukasus-Windhunde, hat noch im 19. Jahrhundert eine Rolle gespielt, indem er hier und dort zur Steigerung von Leistung und Ausdauer eingekreuzt wurde.

Fürstliche Zarenhunde

Keine andere Rasse war Jahrhunderte hindurch in ihrer Entstehung, Entfaltung und Vervollkommnung so eng mit der wechselvollen Geschichte ihres Ursprungslandes verbunden wie der Barsoi. Die Zarenherrschaft, Glanz und Wohlleben der russischen Fürsten und Großgrundbesitzer waren die Kulisse, vor der auch das Jagdwesen mit den russischen Windhunden zu einzigartiger Entfaltung gelangte.

Bei entsprechender Eignung laufen Barsois auch Windhundrennen. Diese Drei sind voll konzentriert hinter dem Lockmittel her.

Die adligen Land- und Gutsbesitzer, die der Jagd huldigten, unterhielten Zwinger riesigen Ausmaßes und Zuchten mit hundertköpfigen Jagdmeuten, zu deren Versorgung ein ganzes Heer von Stallknechten bestellt war.

Traditionelles Jagdwild waren Hasen, Füchse, Antilopen und sogar Wölfe. Die Ausübung der Hetzjagd wurde mit einem besonderen Aufwand an Pferden, Treibern und Spürhunden betrieben. Die direkte Arbeit am Wolf leisteten die Barsois, die zumeist in Dreierkoppeln eingesetzt wurden.

Geschichtliches

Die Aufhebung der Leibeigenschaft 1861 war der erste Einschnitt, der die damalige Barsoi-Zucht schwer traf. Durch den Wegfall der vielen kostenlosen Arbeitskräfte konnte der Aufwand bei der Haltung und dem Einsatz der großen Barsoi-Meuten nicht mehr betrieben werden. Ca. 90 % der Jagden wurden eingestellt.

Zu jener Zeit bot der Barsoi noch kein einheitliches Rassebild. Mindestens zehn Ausgangstypen waren um 1860 im alten Russland bekannt.

Dieses Problems nahm sich die 1873 in Moskau gegründete „Kaiserliche Gesellschaft zur Verbreitung der Jagdhunde" an, die jährlich eine große Ausstellung veranstaltete. Man einigte sich auf einen einzigen wünschenswerten Typ und legte seine Merkmale 1888 in einem ersten offiziellen Standard fest. Bis heute rangiert die typische Gesamterscheinung in der Wertigkeit des Standards an erster Stelle.

Als dann 1917 die Oktoberrevolution über Russland hinwegfegte, erhielt die entstandene russische Barsoi-Hochzucht ihren zweiten, entscheidenden Schlag, der zu ihrer drastischen Einschränkung bzw. zur nahezu völligen Zerstörung führte. Zusammen mit der Aristokratie und ihrem Lebensstil ging der zur Perfektion gelangte Barsoi in Russland unter.

Beim Coursing nimmt das Barsoi-Paar jedes Hindernis.

Der Barsoi in Westeuropa

Zum Glück hatte zu dieser Zeit die Rasse in Europa und Amerika bereits eine neue Heimat gefunden. Die Barsoi-Bewegung in Deutschland setzte gegen 1890 ein. 1892 wurden bereits die ersten beiden Barsoi-Klubs außerhalb Russlands gegründet, und zwar der „Barsoi-Club zu Berlin" und ein Barsoi Club in England. 1903 folgte ein solcher in den USA. Der Berliner Barsoi-Club ist der Vorgänger des heutigen Deutschen Windhundzucht- und Rennverbandes für alle Windhundrassen. Das deutsche Windhundwesen neuer Zeit begann also mit dem Barsoi.

Vor allem Barsoi-Importe aus der Zeit vor dem Ersten Weltkrieg aus dem berühmten Zwinger „Perchino" des Großfürsten Nikolai Nikolajewitsch bilden die Basis der westeuropäischen Zucht. Dieser Zwinger, dem es gelungen war, Barsois verschiedenartigsten Ursprungstypen zu einem Idealtyp zu verschmelzen, wurde richtungsweisend für die außerrussische erfolgreiche Barsoi-Zucht. Übrigens wurde der in Westeuropa ab 1925 für den FCI-Bereich gültige Barsoi-Standard von emigrierten russischen Barsoi-Experten aufgestellt, von Boldareff und den gräflichen Brüdern Cheremeteff.

Edel und aristokratisch

Der Barsoi galt damals als das Sinnbild des Windhundes schlechthin. Es waren nicht Gründe der Zweckmäßigkeit, die den Barsoi zum beliebtesten Windhund jener Zeit

Kleiner Barsoi auf Entdeckungstour.

werden ließen, sondern seine individuelle, auffallende Erscheinung. Die großen, edlen und repräsentativen Hunde mit dem auffallenden Haarkleid passten so recht in die damalige Zeit. Ihr Nimbus, der Hund der russischen Aristokratie zu sein, machte sie äußerst begehrt. Die westeuropäische Zucht hat der Rasse alle äußeren Vorzüge erhalten, ja zur Vollkommenheit entwickelt. Dabei entfernte sie sich jedoch weit von ihrer ursprünglichen Aufgabe.

In den Zwanziger- und Dreißigerjahren machte der Barsoi eine Periode als eine Art Modehund mit, da man in ihm mehr einen Dekorationsartikel des „Art Deco" sah als einen typischen Windhund. Der Barsoi wurde vielfach als „Damenhund" und Accessoire für ihr modisches Outfit angepriesen. Das bekam dem souveränen, unerschrockenen Charakter des früheren Wolfsjägers schlecht. Dem so denaturierten Hund lastete man an, dass er labil und unberechenbar geworden wäre.

Insgesamt gesehen war der Barsoi die in der ersten Hälfte des 20. Jahrhunderts mit Abstand am meisten gezüchtete Windhundrasse. Später hat der Barsoi seine Spitzenposition an einen anderen langhaarigen Windhund, den Afghanen, abtreten müssen. Insgesamt wurden bis 2009 rund 18 070 Barsois ins deutsche Zuchtbuch eingetragen. Heute hat der Barsoi einen kleineren, aber fest eingeschworenen Kreis von Liebhabern und Züchtern bei uns. Mit ca. 120 jährlichen Zugängen steht die Rasse zurzeit an fünfter Position aller hiesigen Windhunde.

Schönheit versus Jagdhund

Während der russische Barsoi seine eigentliche Bestimmung in der Jagd fand und es sogar mit Wölfen aufnahm, da er mit Hetzeigenschaften und Kampftrieb ausgestattet war, schätzte man ihn außerhalb Russlands stets nur wegen seiner Schönheit.

Die Barsois der Anfangszeit waren noch zahlreich auf Windhundrennen zu finden. Diese Tendenz ist heute rückläufig. Manche Barsoi-Kenner geben neben der züchterischen Vernachlässigung des Rennaspekts auch dem heutigen perfekt technisierten Rennablauf die Schuld. Dennoch lohnt es sich, dem Barsoi das abwechslungsreichere Coursing oder bei Eignung das Rennen anzubieten, um seine Bewegungsleidenschaft umzusetzen.

Dieser beeindruckende Barsoi mit dem klassischen seidig gewellten Haarkleid zeigt den charakteristischen langen gewölbten Rücken, die tiefe Brust, den edlen Kopf und die harmonische Ausgeglichenheit der Proportionen.

Als Jagdhund in Russland

In der Sowjetunion konnte die Rasse auf schmalster Zuchtbasis über die Revolution und den Zweiten Weltkrieg hinübergerettet werden. Die Erhaltung ist einigen privaten Liebhabern und vor allem der sowjetischen Staatszucht zu verdanken. Heute gesteht man dem Barsoi nicht nur wieder die Existenzberechtigung zu, sondern er wird vor allem als Jagdgebrauchshund neu entdeckt. Er jagt keine Wölfe mehr; vielmehr wird er von Berufsjägern zur Jagd auf kleine Pelztiere, Hasen und Füchse verwandt. Neben dem äußeren Erscheinungsbild gehört in Russland die Leistungsprüfung im Feld zu den Voraussetzungen, um Diplome und Championate zu erringen. Vom heutigen russischen Barsoi wird ein extremes Jagdverhalten in Verbindung mit Dressurfähigkeit und Gehorsam verlangt.

Als Begleiter in Westeuropa

Daraus ergibt sich auch der Unterschied zwischen den heutigen westeuropäischen und russischen Barsoi-Stämmen. In Westeuropa steht das edle äußere Erscheinungsbild im Vordergrund. In Russland dagegen ist der Jagdgebrauchswert oberstes Kriterium. Dort kann der Barsoi äußerlich zwar nicht mehr mit der vorrevolutionären hochblütigen Form des Perchino-Typs konkurrieren – auch deshalb, weil wohl nicht immer ganz reinrassige Exemplare die viel zu geringe Zuchtbasis aufstocken mussten –, die Gebrauchseigenschaften des Barsois jedoch wurden bewahrt und werden gefördert.

Den westeuropäischen Barsois würde man eine Anleihe bei den Hetzeigenschaften der russischen Barsois wünschen. Man sollte sich nicht damit abfinden, im Barsoi nur noch ein prächtiges Denkmal der äußeren Formen des früheren Wolfsjägers zu sehen.

Im Haus unauffällig

Auch der Barsoi, der in Russland in großen Meuten in Zwingern gehalten wurde, hat bei uns seinen Platz in Haus und Familie. Trotz seiner Größe ist er ein idealer Begleithund, angepasst und ruhig im Haus. Zu lebhaften Äußerungen lässt er sich selten hinreißen, höchstens einmal anderen Hunden gegenüber. Der Barsoi stört niemals das Familienleben durch seine Anwesenheit. Er ist unaufdringlich, auf seinem Platz verharrend, ohne ständig auf sich aufmerksam zu machen. Zu seiner Pflege gehört mäßiges Bürsten, einmal, um Knotenbildung im Fell zu vermeiden, zum anderen, um beim Haarwechsel das Haaren in der Wohnung auf ein Minimum zu beschränken.

Der Barsoi ist kein Hund für mehrere Besitzer, kein Hund zum Weitergeben. Er ist vielleicht auch nicht der Hund, an dem ein Erstbesitzer die Grundregeln des Umgangs mit einem Hund lernen sollte. Er hält dem die Treue, von dem er sich verstanden fühlt, ohne dass sein Stolz unterdrückt wird. Er ist nie untertänig und ergeben, aber er passt sich da an, wo er Verständnis und Liebe findet. Sein Wesen erschließt sich nicht dem Fremden, seinem Herrn aber ist er ein anhänglicher Kamerad.

Orientalische (östliche) Windhunde

Drei Dinge schätzt der Beduine mehr als alle anderen: sein Pferd, seinen Windhund und seinen Jagdfalken. Von uralter, edler Rasse sind die Windhunde, die Jagdgefährten bedeutender Scheichs und die Begleiter der freiheitsliebenden Beduinen. Größter Wert wird von alters her auf die Reinhaltung der Rasse gelegt, und die Zahl der aufgezogenen Welpen und der Zuchthunde ist begrenzt. Der lange Stammbaum, den der Beduine auswendig kennt, ist der Stolz des Besitzers.

Exklusive Persönlichkeiten

Die Orientalen – die afghanischen (Afghane), die persischen und arabischen Windhunde (Saluki und Sloughi) sowie die Windhunde der Sahelzone (Azawakh) – sind noch nicht übermäßig europäisiert. Sie vermögen Menschen zu begeistern, die eine exklusive Hundepersönlichkeit suchen und einen eigenständigen Charakter beim Windhund lieben, dazu fremdartige Besonderheit in der Erscheinung.

Der Edle

Der Windhund war stets die einzig reine, die kostbare und behütete Hunderasse in der arabischen Welt; ein Tier, das als vom gewöhnlichen Hund meilenweit entfernt betrachtet wird. Schon vom Namen her hat es nichts mit Letzterem gemein. Ein Hund ist ein „kelb", unrein für den Mohammedaner und verachtet. Nach seiner Berührung wäscht man sich die Hände. Der Saluki oder der Sloughi zum Beispiel, das ist ein anderes Wesen, das ist „el hor", der Edle. Er bewegt sich in menschlicher Gesellschaft wie unter seinesgleichen. Diese hohe Wertschätzung des edlen Windhundes im Orient ist uralt. Sie findet sich vom Atlas in Marokko bis zu den Grenzen Indiens, sie ist den Königen und Fürsten wie den ärmsten Beduinen gemein. Jahrtausendealt ist im Orient die Tradition der Jagd mit dem Windhund.

Die Gazellenjagd

Die Jagdeigenschaften der orientalischen Windhunde in ihren Heimatländern waren Gewandtheit, Reaktionsschnelligkeit, Selbstständigkeit und Ausdauer. Auch Mut und Härte sind bei einigen Arten zu finden, die sich mit wehrhaften Tieren auseinanderzusetzen hatten. Sie wurden nicht für die Gruppenjagd gezüchtet, sondern als Solo- oder Paarjäger. Das vornehmste Wild, das der orientalische Windhund jagte, war die Gazelle. Die Vergangenheitsform „war" ist angebracht, denn die Gazellenbestände sind so zurückgegangen, dass sie heute vielerorts geschützt sind – auch wenn viele Beduinen nie anders als mit leuchtenden Augen von ihnen sprechen.

Windhunde waren stets die einzigen Hunde des Orients, die als „rein" galten, Tiere von hohem Wert und Nutzen.

1 Edle Sloughis in Marokko.
2 Der Afghane mit seiner auffallenden Behaarung.
3 Das Kind der extremen Wüste, der Azawakh.

Faszinierend war das Schauspiel, das ein Trupp berittener Gazellenjäger mit Windhunden und Falken bot. Wenn sie sich nach langen Anmärschen dem Standort eines Gazellenrudels näherten, wurden die Sloughis in die Sättel vor die Reiter genommen, und in wildem Ritt ging es den flüchtenden Gazellen nach. Wenn die Pferde ermüdeten, sprangen die Windhunde ab und holten einzelne Gazellen ein, die sie hielten, bis ihre Herren kamen und das Wild übernahmen.

Falken und Salukis

In vielen Gegenden fanden Falken zusätzliche Verwendung. Sie arbeiteten mit dem Saluki zusammen, indem sie sich der Gazelle auf den Kopf setzten und sie so behinderten, dass der Windhund leichteres Spiel hatte. Die Chancen waren auf beiden Seiten – die geschickte und kräftige Gazelle vermochte zu entkommen. Auch für den Windhund verlief das alles nicht ohne Risiko, denn die Hörner mancher Gazellen sind scharfe Waffen, und auch der Windhund wagt sein Letztes an Einsatz und Ausdauer, wenn er in der Wüste jagt oder in den Bergen dem Steinwild nachsetzt.

Hart im Nehmen

Die Orientalen sind im Laufen ausdauernd und hart. Verletzungen sind auch über Stock und Stein nicht zu befürchten. Sie lassen sich jedoch nicht so ohne Weiteres in das europäische System des Sechserfeld-Bahnrennens integrieren. Vom leidenschaftlichen Renneinsatz her wohl – nur vom geforderten absolut leidenschaftslosen Miteinander her, Körper an Körper auf der engen Bahn, nicht immer.

Äußerlich sind die Orientalen im Körperbau quadratisch kurz, mit horizontal verlaufender Rückenlinie und Hängeohren. Der Blick des Orientalen ist ruhig und beständig. Er wirkt oft wie träumerisch verhangen. Der Augenausdruck ist mild und beinahe menschlich.

Die orientalischen Windhunde sind vom Charakter her reserviert und in sich gekehrt. Ihre Zärtlichkeit ist nur dem eigenen Besitzer vorbehalten.

Unverkäuflich

Ein guter Jagdwindhund war niemals käuflich. Er war so wertvoll wie ein edles Pferd oder ein gutes Reitkamel. Nur als Geschenk, als Zeichen höchster Wertschätzung, wurden die ersten Tiere, die zu Beginn dieses Jahrhunderts aus dem Mittleren Osten, Afghanistan und Nordafrika nach Europa kamen, den glücklichen neuen Besitzern anvertraut.

Zu den orientalischen Windhunden gehören:
- Afghane
- Saluki
- Sloughi
- Azawakh

Zu den auffälligsten Erscheinungen unter den Windhunden gehören die Afghanen.

Der Afghane

Die wohl auffallendste und populärste Erscheinung unter den Windhunden ist der Afghane. Wenn vom Windhund die Rede ist, meinen viele Menschen gleich Bescheid zu wissen: „Aha, der Afghane!" Sie ahnen nicht, dass der Afghane nur „ein" Vertreter in der großen Gruppe der Windhundrassen ist. Aber was für einer! Nicht allein wegen seines Äußeren, auch vom Wesen her nimmt er eine gewisse Sonderstellung ein. Es handelt sich um einen kräftig gebauten, quadratischen Hund mit langem, nicht zu schmalem Kopf. Die ideale Schulterhöhe beträgt für Rüden 68 bis 74 cm, für Hündinnen 63 bis 69 cm. Die gesamte Erscheinung soll den Eindruck von Stärke und Würde vermitteln, kombi-niert mit den Merkmalen von Schnelligkeit und Kraft. Zu seinem Wesen gehört vornehme Zurückhaltung wie auch leidenschaftliches Ungestüm.

FCI-Nummer	228
Ursprungsland	Afghanistan
Schulterhöhe	R 68–74 cm, H 63–69 cm
Gewicht	R 24–28 kg, H 20–24 kg

Das Haarkleid

Die außergewöhnliche Art der Behaarung zieht sofort die Blicke auf sich. Gerade diese Behaarung kaschiert aber zum großen Teil den windhundtypischen Körperbau.

Kaum eine andere Rasse verändert ihre Erscheinung so grundlegend während ihrer Entwicklung. Der Welpe lässt noch nichts von dem späteren Haarreichtum erahnen, sein Fell ist überall gleich kurz. Beim jungen Hund nimmt es dann einen bärenartigen Bewuchs an, der nur das Gesicht freilässt. Erst im Erwachsenenalter entwickelt das Fell seine fließende Pracht, wobei das Gesicht ausgenommen ist und die Rückenpartie sowie die dünne Rute in der Regel kürzer behaart sind. Die Farbskala des Afghanen-Fells reicht von Beige über Lohfarben, Grau, Gestromt bis hin zu Schwarz und Cremehell, mit oder ohne schwarze Maske. Außerdem gibt es sogenannte Blaue, Dominos und weitere exotische Farbkombinationen bei den Afghanen.

Die Anfänge liegen im Dunkeln

Seine Heimat Afghanistan bewahrte durch die geografisch abgeschiedene Lage und die Unzugänglichkeit ihrer Gebirge und Steppen die Kenntnis der Afghanen-Rasse lange für sich. Die Ausfuhr dieses Hundes war darüber hinaus verboten. Erst vor rund 150 Jahren erfuhr Europa von der Existenz des Windhundes aus Afghanistan.

In der Trabaktion kommt das charakteristische beschwingte Auf und Ab des Haarkleides zustande.

Für den Afghanen fehlen die von vielen anderen Rassen in Bild und Schrift überlieferten Unterlagen, die Auskunft über das Alter und die Entwicklung geben könnten. Bei keiner anderen Windhundrasse gibt es so wenig authentisches Material aus dem Ursprungsland, dafür aber Geschichten – angefangen damit, dass der Afghane der Hund gewesen sein soll, der Noah in die Arche begleitete, bis zum Jägerlatein über Leopardenjagden mit ihm.

Einige Kenner der Rasse leiten von Höhlenbildern, die im Nordwesten Afghanistans entdeckt worden sein sollen, ein Alter von mindestens 4 000 Jahren ab. Da aber die Existenz von echten Dokumenten bisher unbestätigt blieb, ist die Geschichte der Rasse nur Legende.

Erstes Auftreten in England

Die Entstehung der heute so populären westlichen Afghanen-Zucht kann man dagegen recht genau bis zu ihren ersten Anfängen zurückverfolgen. Gar nicht so selten gelangten durch militärische Vorstöße in andere Länder fremdes Kulturgut und sogar exotische Hunderassen nach Europa. In der Geschichte der Windhunde war es die koloniale Präsenz Englands im Nahen, Mittleren und Fernen Osten im 19. Jahrhundert, die die Bekanntschaft mit den Salukis und Afghanen brachte. Englische Offiziere nahmen Ende des 19. Jahrhunderts die ersten vereinzelten Windhunde aus Afghanistan nach England mit, wo sie bald schon auf den dort bereits regelmäßig veranstalteten Hundeausstellungen in der Sammelklasse für Exoten gezeigt wurden und durch ihr Äußeres stark auf sich aufmerksam machten. In „Cassel's New Book of the Dog", das 1907 in London erschien, sind bereits drei Fotos dieser früh importierten Exemplare abgebildet, von denen zwei allerdings eher setterähnlich aussahen. Sie wurden damals als „Barukhzy Hound" vorgestellt, ein Name, der von der königlich afghanischen Familie der Barukhzy entlehnt war. Afghanen und Perser nennen die Rasse Tazi, derselbe Name, der auch für die Salukis verwandt wird.

Das Vorbild Zardin

1907 wurde von Capt. Barff ein Rüde nach England importiert, dessen Name jeder Afghanen-Liebhaber kennt: „Zardin". Dieser Hund besiegte bereits bei seiner ersten Ausstellung im Crystal Palace alle Konkurrenten und erregte ein solches Aufsehen und solche Bewunderung, dass er sogar zur Vorführung in den Buckingham-Palast geladen wurde. Es handelte sich um einen hellsandfarbenen Hund mit schwarzer Maske, der am ganzen Körper vorzüglich behaart war. Er war von repräsentativer Größe, guten Winkelungen, guten Proportionen und stolzer Haltung, alles in allem ein Exemplar, das man damals wie noch heute als hochtypisch verstand. Sein Vorbild wurde richtungsweisend für die ganze Afghanen-Zucht: Auf seiner Beschreibung basierte der erste Standard von 1925 und alle späteren Fassungen. Noch heute ist der englische Afghanen-Standard für Europa bindend.

Der Afghane ist ein Individualist. Selbstbewusstsein und Unabhängigkeit prägen seinen Charakter. Der Afghane schaut jemanden an und durch ihn hindurch.

Ende des 19. Jahrhunderts erregten die ersten Importe in England als Exoten in der Kynologie großes Aufsehen. Ab ca. 1920 begann die Zucht dieser Rasse in Europa. Das Farbspektrum ist beim Afghanen unbegrenzt.

Ausgangstypen

Richtig in Gang kam die Afghanen-Bewegung erst nach 1920. Zu diesem Zeitpunkt kehrte die Familie Murray/Manson aus dem südlichen Grenzgebiet Afghanistans mit einer kleinen Gruppe von Hunden zurück, die der Grundstock einer schnell wachsenden Zucht wurden. Hierbei handelte es sich um sogenannte Steppen-Afghanen. Schon 1925 wurde der erste Afghanen-Klub gegründet, und ein Jahr später wurde die Rasse vom Kennel Club voll anerkannt.

Wenn „Bell Murray" der eine Name ist, der in Fachgesprächen immer wieder auftaucht, ist „Ghazni" der andere. Beide Namen stehen heute für je einen Ausgangstyp der Afghanen. 1925 brachte die Familie Amps ebenfalls ca. zehn Tiere mit nach England. Ihre Hunde entstammten der Gegend nördlich des Hindukusch, einem Gebiet also, das geografisch und von seiner Struktur her weit entfernt war von der südlichen Steppenheimat der Tiere, die Bell Murray importiert hatte.

So trafen in England zwei Erscheinungsformen aufeinander, die so konträr waren, dass man sie zuerst gar nicht als dieselbe Rasse erkannte. Der bemerkenswerteste Hund der Amps war der Rüde „Sirdar of Ghazni", den man bald zum besten Vertreter seiner Rasse seit Zardins Zeiten erklärte. Nach ihm, also „Ghazni", nannte sich der Zwinger seiner Besitzerin und später pauschal der Typ der sogenannten „Berg-Afghanen", den er verkörperte. Daneben wurde dieser Hund einer der Ahnen fast aller heutigen Afghanen. Allerdings blieb er auch für die Zukunft eine Einzelerscheinung, die in dieser Ausprägung kein zweites Mal festgestellt werden konnte, wahrscheinlich, weil er ein besonders sorgfältig gezüchtetes Produkt des königlichen Zwingers in Kabul war. Dagegen gibt es heute noch viele den Bell-Murray-Hunden ähnliche Typen in Afghanistan.

Jagd im Gebirge

Der Afghane ist in seiner Heimat Jagdgebrauchshund. In den bis zu 3 000 m hohen schroffen und wüsten Gebirgszügen verwenden die Bergbauern und Jäger ihre Windhunde zur Hetze auf Steinwild. Sie sind in der Lage, es ganz auf sich allein gestellt,

oft über Kilometer, zu verfolgen und zu erbeuten. Der Berg-Afghane ist kleiner, kürzer und kompakter gebaut, er hat eine lange und gut gewinkelte Hinterhand, die ihm Wendigkeit und Sprungkraft in den Felsen erlaubt und hat gemäß dem kälteren Klima eine dichte Behaarung. Dafür ist er nicht so schnell.

Verschiedene Typen

In den flacheren Gebieten und Steppen zum Süden hin wird der Afghane hochbeiniger, weniger gewinkelt, besitzt eine längere Lendenpartie und einen längeren, feineren Kopf. Am auffallendsten aber ist die schwächere Behaarung. Manche Exemplare scheinen neben behaarten Ohren und einem Saum an der Brust-/Bauchseite nur noch über eine Art „Hose" zu verfügen, aus der der untere Teil der Läufe vorn unbedeckt herausschaut. Sie wirken wesentlich windhundartiger und zeigen den verwandtschaftlichen Bezug zur Rasse Saluki und die Zugehörigkeit zur großen Familie der orientalischen Windhunde auf.

Daneben kommt ein völlig glatthaariger Typ vor, der dem nordafrikanischen Sloughi ähnelt; dieser ist jedoch in Europa so gut wie unbekannt geblieben.

Zwischen den beiden Extremen Berg- und Steppen-Afghane bestehen natürlich im Ursprungsland auch vielfältige Übergangsformen.

Eine bestechend gleichförmige Zuchtgruppe aus einer erfolgreichen Afghanen-Zuchtstätte im klassischen Rot-Gold mit schwarzer Maske.

Verschmelzung der Varietäten

Obwohl man in England direkt begann, die verschiedenen Afghanen-Typen miteinander zu verpaaren, gab es doch vehemente Auseinandersetzungen zwischen den Anhängern beider Varietäten. Mit dem Afghanen übernahmen auch andere Länder Europas die Kontroversen um die Typfrage. Einige setzten sich dafür ein, die beiden Typen getrennt zu halten, konnten sich aber mit ihrer Meinung nicht durchsetzen. Heute sind die beiden Varietäten züchterisch zu einer Rasse verschmolzen, wobei sich der Typ des Berg-Afghanen als richtungweisend durchgesetzt hat. Alle heutigen Afghanen gehen weltweit auf die beiden vor 80 Jahren nach England importierten Zuchtgruppen zurück, plus einige wenige Einzelimporte anderer Züchter.

Der Afghane präsentiert sich heute bei uns verhältnismäßig einheitlich mit dem charakteristischen, weitgehend dichten langen Haar bis zu den Füßen, auf das bei der europäischen und amerikanischen Zucht stets großer Wert gelegt wurde.

Ankunft in Deutschland

Nach England war Holland das erste bedeutende Land für die Zucht der Rasse auf dem Kontinent. Zwischen 1930 und 1940 kamen die ersten elf Afghanen als bestaunte Rarität nach Deutschland. Noch ahnte niemand die ungeheure Entwicklung und Verbreitung, die sie unter Züchtern und Besitzern nehmen würden. Im Zuchtbuch von 1933 bis 36 fanden sich folgende Bemerkungen: „Er ist einer der merkwürdigsten unter den Windhunden und zugleich einer der originellsten." Und zu seinem Wesen hieß es: „Er ist eine eigenartige, sozusagen ‚abweisende' Persönlichkeit, die sich auch dadurch stark von den meisten seiner Rassengenossen unterscheidet."

Diese prämierten Afghanen vermitteln in bemerkenswerter Weise den der Rasse eigenen Ausdruck von Stärke und Würde, kombiniert mit einem weit ausgreifenden, spektakulär anmutenden Gangwerk.

Wachsende Zucht

Diese Originalität und Andersartigkeit faszinierte bald einen wachsenden Kreis von Liebhabern. Auch die Wesensbeschreibung konnte nur eine Herausforderung sein. Die Zucht in Deutschland begann mit dem ersten Wurf 1939 und entwickelte sich bald in rasanten Dimensionen. Obwohl Krieg war und andere Rassen starke Rezensionen erlitten, wurden bei den Afghanen von 1939 bis 1945 46 Würfe mit 210 Jungtieren gezüchtet. Nach dem Krieg begann der endgültige Aufschwung unter dem Einfluss von Ausstellungsvergleich und Zuchtaustausch mit dem Ausland, besonders Holland, England und auch Amerika. Viele 100 Afghanen-Würfe fielen seither. In den Siebzigerjahren weitete sich die Zucht derart aus, dass teilweise über 100 Würfe pro Jahr eingetragen wurden – so viele, wie bei allen anderen Windhundrassen zusammengenommen. Berechtigte Befürchtungen wurden laut, dass dieser Trend der Rasse zum Schaden gereichen könnte. Es lässt sich nicht verhehlen, dass ein gewisser Kreis von Interessenten den stolzen Afghanen als dekoratives Mode- und Repräsentationssymbol missverstand, ohne seine sonstigen Eigenschaften zu berücksichtigen.

Immer noch etwas Besonderes

1988 hatten die Afghanen mit über 16 000 Zuchtbucheintragungen seit ihrem Zuchtbeginn in Deutschland die höchste Zahl aller Windhundrassen erreicht. Damit hatten sie sogar noch den Barsoi überflügelt, obwohl dieser einen über 40-jährigen Vorsprung in der deutschen Windhund-Zuchtgeschichte hatte.

Die jährlichen Welpenzahlen sind allerdings in den letzten Jahren deutlich zurückgegangen und liegen heute hinter denen des kleinen handlichen Whippets und denen des „größten Hundes der Welt", des Irish Wolfhounds. Dennoch besitzen die Afghanen auf Ausstellungen nach wie vor die wohl größte Attraktivität von allen Windhundrassen und wecken die Emotionen der Zuschauer. Der Auftritt einer Reihe von Champions in vorzüglicher Fellkondition, die, in professioneller Art vorgeführt, ihr weit ausgreifendes Gangwerk mit stolzer Haltung präsentieren, ist in der Tat ein Spektakel, das die Zuschauer veranlasst, sich um den Vorführring zu drängen und Beifall zu spenden.

Übertriebener Haarkult

Während die Wild hetzenden Tazis Afghanistans nur ein eher mäßiges Haarkleid gebrauchen können, um ihrer Aufgabe gerecht zu werden, wurde bei der hiesigen Züchtung das volle Haarkleid bevorzugt. Mit der überreichen Behaarung gewisser Show-Afghanen auf internationalen Bühnen wird heute teilweise ein grotesk anmutender Kult getrieben. Manche „Spezialisten" stecken diese Tiere in Schutzanzüge, um einen gleichmäßigen Haarfluss bis zum Boden ohne Beschädigung zu garantieren. Ein Herumtollen in freier Natur ist undenkbar. Diese Überspitzung ist glücklicherweise in Deutschland bisher noch nicht eingetreten.

Die westeuropäische und amerikanische Zucht ist heute eine zum großen Teil „geschlossene Gesellschaft". Die Zuchtbücher Amerikas, Englands, Deutschlands und Hollands sind für Importe aus dem Ursprungsland geschlossen. Neue Einflüsse aus Afghanistan sind mit Rücksicht auf den in der Zucht erreichten Stand nicht erwünscht.

Unabhängig und freiheitsliebend

Speziell wie die Erscheinung ist auch der Charakter des Afghanen. Obwohl der Windhundtypus bei ihm nicht so augenfällig herausgekehrt ist wie bei den glatthaarigen Rassen, ist sein Bewegungsbedürfnis, sein Hetztrieb und Freiheitsdrang stark ausgeprägt.

Der Afghane bewahrt sich seine eigene Persönlichkeit, lebt aber durchaus angepasst im häuslichen Bereich.

Der Afghanen-Welpe beginnt sein Leben als „Teddybär".

Der Afghane ist eine der eigenwilligsten Hundepersönlichkeiten, die wir kennen. Sehr selbstbewusst, sehr unabhängig – was verständlich ist, wenn man bedenkt, dass der Hund in seiner Heimat ganz auf sich gestellt und ohne Einwirkungsmöglichkeit eines ihn führenden Menschen dem Steinwild ins Gebirge folgte. Besondere Kraft, Ausdauer, Geschicklichkeit und Selbstständigkeit waren erforderlich, um bei solchen Jagden erfolgreich zu sein. Hier war der Afghane „König", und als solcher wurde er auch von seinen Besitzern respektiert. Daher sollte man auch vom hier gezüchteten Afghanen nicht ohne Weiteres erwarten, dass er seine Neigung zu selbstständigen Touren aufgegeben hätte und im Freien mit Pfiff zurückzurufen sei. Frei laufen lassen empfiehlt sich daher nicht; es könnte passieren, dass es längere Zeit dauert, bis der Afghane zurückkommt.

Friedlicher Hausgenosse

Unnahbar zeigen sich viele Afghanen und sind an Fremden wenig interessiert. Im Ausdruck ihrer Zuneigung sind sie eher sparsam. Stolz ist ihre Haltung und Bewegung, sozusagen die äußere Entsprechung ihrer inneren Verfassung.

Das Wesen der Afghanen kann man als in sich ruhend bezeichnen. Dabei sind sie durchaus anpassungsfähig im häuslichen Bereich und integrieren sich gut in den Tagesrhythmus „ihrer Familie". Auch wenn man mehrere Tiere hält, überfordern sie ihren Besitzer nicht mit Kontaktwünschen. Das heißt, sie wollen nicht ständig gestreichelt und beschäftigt werden.

So wohl der Afghane sich im Haus und in der Nähe seiner Familie fühlt, ist doch der Auslauf und das Hetzenkönnen das dringende Urbedürfnis, auf dessen Befriedigung er Wert legt.

Mit seiner aufwendigen Behaarung erreicht der Afghane nicht die Spitzenzeiten der glatthaarigen Windhunde.

Stolzer Charakter

Unterordnungsbereitschaft ist ein Zug, der nur beschränkt im Charakter des Afghanen vorkommt. Wer ihn mit Gewalt zum Gehorsam erziehen will, würde einen Konflikt heraufbeschwören. Um es spaßhaft zu sagen: Wenn der Afghane folgt, so deshalb, weil er gerade dasselbe im Sinn hat wie sein Besitzer.

Dennoch sollte derjenige, der mit ihm umgeht, selbst eine natürliche Überlegenheit und eine respektable Persönlichkeit zeigen, damit besonders der Rüde weiß, wer der „Chef" der Familie ist. Wenn der Afghane dann selbstbewusst im Haus umhergeht, als sei er der Vertreter des Hausherrn, warum sollte man ihn so nicht anerkennen?

Fellpflege

Man kann es sich schon denken, wenn man ihn ansieht: Der Afghane ist ein pflegeintensiver Hund. In die fließende Haarpracht muss viel Aufwand und Arbeit investiert werden. Um das Fell in einem ansehnlichen, gepflegten Zustand zu erhalten, ist regelmäßiges, gewissenhaftes Bürsten erforderlich. Je nach Fellstruktur und Dichte ist das täglich, mindestens aber zweimal wöchentlich erforderlich. Geschieht das nicht und hat das Tier Auslauf in einem Naturgelände, verfilzt das Fell rasch, und es drehen sich Stöckchen und Kletten ein. Dann helfen nur noch ein Spezialkamm und schließlich die Schere, was für den Hund relativ unangenehm werden kann.

Geduld beim Bürsten und Baden

Man sollte den Afghanen von Jugend an das Bürsten gewöhnen. Wirklich notwendig wird es zwar erst ab ca. 9 Monaten, wenn die Babywolle dem endgültigen Haarkleid Platz macht, aber das geduldige Stehenbleiben muss von Jugend an trainiert werden. Das kann man mit Konsequenz auf der einen und mit Belohnung auf der anderen Seite erreichen.

Das spielt auf der Rennbahn aber keine Rolle, da jede Windhundrasse in ihrer eigenen Klasse startet.

Schnelligkeit, Wendigkeit und Kraft brauchte der afghanische Windhund in seiner Heimat zur Jagd auf dortiges Wild in den archaischen Gebirgszonen.

Die lang behaarten Ohren kann man beim Füttern durch Zurückbinden vor dem Verschmutzen schützen.

Viele Besitzer brausen ihren Tieren regelmäßig die Füße ab, wenn sie bei Regenwetter vom Ausgang zurückkommen. Ein Vollbad mit anschließendem Trockenföhnen ist alle zwei bis drei Wochen angesagt. Vor einer Ausstellung ist es natürlich unumgänglich.

Afghanen auf der Rennbahn

Es ist erstaunlich, in welcher Weise Afghanen sich heute auch auf der Rennbahn etabliert haben. Sie erreichen keine solchen Spitzenzeiten, die mit denen der glatthaarigen Renner vergleichbar wären. Das ist auch kein Wunder bei der reichen Behaarung, die sie mittragen müssen, und der Jagdform, für die sie gezüchtet wurden. Das Fell zeigt in der Bewegung ein beschwingtes Auf und Ab, wodurch die Afghanenläufe einen ganz eigenen, unverwechselbaren Stil erhalten.

Läufer mit Temperament

Afghanen haben sich von der alle Konzentration und Geschicklichkeit fordernden Hetzjagd in ihrem Heimatland auf die übersichtliche, glatte Bahnstrecke umgestellt. Wenn dennoch mit manchen Hunden das Temperament durchgeht und zu Verstößen gegen die strenge Disziplin der Bahnrennordnung führt, so sollte man sich erinnern, dass das leidenschaftliche Temperament des Afghanischen Windhundes als Rassekennzeichen im Standard vermerkt ist. Heute kann man eine wachsende Tendenz zur Spezialisierung feststellen, den Show-Typ einerseits, den Renn-Typ andererseits. Freunde des traditionell gezüchteten Typs werden hierzulande immer noch den größten Anteil von Hunden vorfinden, die ein standardtypisches Aussehen mit Leistungsfähigkeit verbinden. Die Erhaltung der Vielseitigkeit ist eine wichtige Voraussetzung für Stabilität, Gesundheit und Ausgewogenheit dieser alten Rasse.

Der Saluki

Im Saluki oder Persischen Windhund haben wir wohl den ältesten Windhund vor uns, möglicherweise die älteste Hunderasse überhaupt. Seit Jahrtausenden wird die Rasse in ihren Stammländern unter den gleichen Bedingungen erhalten. Der Saluki entspricht immer noch der Urform. Seine Spuren findet man in den ältesten Kulturen der Welt. Mit einer seltenen Beharrlichkeit ist sein Typ durch die Jahrtausende konstant geblieben. Der Jagdhund, der auf den ältesten Zeugnissen menschlicher Kultur abgebildet ist, und der elegante Begleiter, den wir seit Beginn des 20. Jahrhunderts auch an der Seite von europäischen Liebhabern bewundern können – es ist ein und derselbe Hund.

Entstehung und Verbreitung

Die Rasse entwickelte sich im Mittleren Osten, in Syrien, Mesopotamien, Persien und Ägypten bis zum Kaspischen Meer, von der Türkei bis Indien und zur sibirischen Steppe. Arabisch wird die Rasse „Saluki" genannt, im Türkisch-Persischen „Tazi". Unter letzterem Namen ist sie in den weitaus größten Teilen ihres Verbreitungsgebiets bekannt. Die Züchterkunst der Araber, die wir auch beim arabischen Pferd bewundern können, manifestiert sich in gleicher Weise im Saluki – in seiner äußeren Schönheit und Eleganz und in seiner großen Schnelligkeit und Jagdtüchtigkeit, angepasst an die extremen klimatischen Bedingungen seiner Verbreitungsgebiete.

Natürlich variiert der Typ etwas in diesen unermesslich weiten und ausgedehnten Zonen. 14 verschiedene Typen soll man abgrenzen können. Ihre Hauptunterschiede bestehen in der Größe und im Haarkleid. So ist der in Arabien gezüchtete Saluki ein etwas kleinerer Typ mit weniger Befederung an den Läufen und an den Ohren als der persische, das Grundmodell bleibt jedoch überall unzweifelhaft das gleiche.

Wertvoller Jagdhelfer

Seit undenklichen Zeiten ist der Saluki für den Orientalen bei der Jagd unersetzlich. Viele arabische Gedichte preisen Schönheit und Schnelligkeit des Salukis. Als Geschenk Allahs wird er bezeichnet, zum Nutzen und zur Freude gegeben. Seine Haltung und Jagdverwendung in den Wüsten, Steppen und Hochebenen seiner vorder- bis ostasiatischen Heimat entspricht im Großen und Ganzen völlig der seines nordafrikanischen Vetters Sloughi. Viel mehr noch als in Nordafrika wird im Verbreitungsgebiet des Salukis mit Windhund und Beizfalke zusammen gejagt. Bevor es Gewehre gab, war das, was sein Saluki für ihn fing, für den Beduinen fast das einzige Fleisch. Die Herde des Nomaden war in erster Linie Milchlieferant und

FCI-Nummer	269
Ursprungsland	Mittlerer Osten
Schulterhöhe	R 58 – 71 cm, H proportional kleiner
Gewicht	R 20 – 27 kg, H 18 – 22 kg

Saluki: der anmutige Orientale. Seine Spuren findet man in den ältesten Kulturen der Welt.

Symbol seines Besitzstandes, nicht aber zur Fleischversorgung da. In einigen Gegenden ist das noch immer so. Jedoch sind die jagbaren Gazellen heute rar geworden. Menschliche Unvernunft, ausgerüstet mit Gewehren und wüstengängigen Jeeps, hat das Gleichgewicht der Natur zerstört. Das Öl hat den führenden arabischen Familien heute große Reichtümer gebracht. Die soziale Struktur und die alten Sitten sind auch in den Heimatländern der Salukis im Wandel begriffen. So ist der Saluki heute teilweise dabei, vom Pferde- oder Kamelsattel in den Cadillac überzuwechseln.

Mild und in die Ferne blicken die Augen, würdevoll und liebenswürdig ist der Ausdruck. So beschreibt der Standard den Saluki.

Salukis im mittelalterlichen Europa

Schon zur Zeit der Kreuzzüge tauchten Salukis in Europa auf, die von den Rittern aus dem Heiligen Land mitgebracht wurden. So kann man tatsächlich in der europäischen Kunst des Mittelalters manchmal Salukis entdecken. Besonders italienische Meister wie Tintoretto, Veronese und Pinturicchio platzierten wie beiläufig die anmutigen Salukis in einige ihrer Gemälde mit religiösen oder höfischen Motiven. Von Benvenuto Cellini ist ein Bronzerelief von 1544 mit der Gestalt eines Salukis bekannt, das für Cosimo de Medici gearbeitet wurde.

Erste europäische Nachzuchten

Obwohl vereinzelte Salukis schon im England des 19. Jahrhunderts nachzuweisen sind, machte die Rasse erst um die Jahrhundertwende einen kynologisch relevanten Anfang. 1895 erhielt Hon. Miss Florence Amherst die ersten zwei Hündinnen aus Ägypten. Es folgten weitere Importe, von denen sie auch Nachwuchs züchtete. Durch ihre gesellschaftliche Stellung gewann die Dame einflussreiche Personen, die für sie in persischen und arabischen Gebieten nach Salukis forschten. Diese frühe englische Pionierin entwickelte sich durch umfangreiche Studien zu einer Expertin für die Rasse. Sie war Autorin eines Kapitels über orientalische Windhunde in „Cassel's New Book of the Dog" von 1907, das auch eine Grundlagenveröffentlichung über den Saluki darstellte und mit verschiedenen Fotos der ersten Hunde illustriert war.

Das Gangwerk ist graziös und federnd. Seine kräftigen und geschmeidigen Pfoten tragen den Saluki überall hin, ohne dass Verletzungen zu befürchten wären.

Saluki-Importe nach dem Ersten Weltkrieg

Aber erst nach dem Ersten Weltkrieg setzten die bedeutendsten Saluki-Importe nach England ein. Während der militärischen Kampagnen der Engländer in Ägypten, Palästina, Syrien, Arabien, Mesopotamien und Persien waren viele Offiziere mit der Kultur des Islam und der Tradition der Bewohner der Wüste in Berührung gekommen und hatten ihr Herz für exotische Windhunde entdeckt. Diese brachten sie bei ihrer Rückkehr aus dem Nahen Osten auch mit nach Hause, wodurch der maßgebende Impuls für die englische Zucht gesetzt wurde.

Das geschah am nachhaltigsten durch Brigade-General Lance und dessen Frau, ein Name, der ebenfalls in die Chronik der Rasse eingegangen ist. General Lance brachte einige bemerkenswerte Importe aus Syrien mit. Sein herausragender Rüde war „Sarona Kelb", der nicht nur auf Ausstellungen Maßstäbe setzte, sondern auch der gesamten späteren Zucht seinen Stempel aufdrückte. Er war noch in Damaskus von General Lance aus einheimischen Salukis gezüchtet worden. Dieser Rüde sollte auch – über seine nach Deutschland importierten Nachkommen – die deutsche Zucht in hohem Maß prägen.

Die besondere Art der Behaarung findet sich nur beim Saluki. Ohren und Rute sind befedert, dazu die Rückseite der Vorder- und Hintergliedmaßen. Daneben gibt es auch die kurzhaarige Varietät.

Das Angebot des europäischen Coursings nehmen viele Salukis begeistert an.

Gründerzeit

Die Zwanzigerjahre wurden die „Gründerzeit" für die europäische und amerikanische Saluki-Zucht. 1923 wurde der Saluki in England offiziell als Rasse anerkannt; seitdem gilt der englische Standard in Europa. Gleichzeitig entstand der dortige Saluki-Club. Dieser Club hat schon frühzeitig neben den Ausstellungen die Coursings gefördert. Unter den Coursing-Siegern waren stets auch Schönheits-Champions, was erkennen lässt, dass hier eine Spezialisierung analog der englischen Greyhound-Zucht vermieden wurde. 1927 wurde auch in Amerika die Rasse offiziell anerkannt.

Anfänge in Deutschland

Der Beginn der deutschen Saluki-Zucht fällt bereits in das Jahr 1922, als der erste Wurf aus persischen Import-Eltern eingetragen werden konnte. Daraus ergibt sich, dass der Vorsprung der englischen Saluki-Tradition gar nicht so eminent ist, wie in vielen kynologischen Publikationen herausgestellt wird. Allerdings wurde die deutsche Zucht nach einer Anfangsphase mit Direktimporten stark von England beeinflusst.

Seit dieser Zeit erwirbt sich der Saluki zwar langsam, aber stetig seine Freunde in Europa. Im Jahr 1936 erfolgte in Deutschland die 345. Eintragung eines Salukis ins Zuchtbuch, 1989 war man bei der Nr. 3 600 und 2009 sind es rund 6 500 eingetragene Hunde.

Vom alten Schlag

Nach 90 Jahren Saluki-Zucht in Europa hat sich das Erscheinungsbild der Rasse stabilisiert, aber nicht verändert. Die Salukis sind so typtreu, dass sich reinrassige Importe aus den traditionellen Ursprungsländern auch heute noch nahtlos in die Zucht einfügen können. Import-Salukis fallen vielfach nur dadurch auf, dass sie – gemäß ihrem Ursprungsgebiet – keine so perfekte Befederung an Ohren und Rute aufweisen, wie sie hierzulande züchterisch gepflegt wird.

Das große Spektakel in der Öffentlichkeit ist nicht Sache des Salukis, sein Auftreten ist eher dezent. So ist auch der Freundeskreis um ihn eher still und tolerant, dafür aber treu und unbeirrbar. Seine Besitzer akzeptieren in der Regel mit Gelassenheit, ob er sportlich messbare Leistungen auf der Rennbahn zeigt oder individuelles Laufgebaren mit persönlichen Capricen entwickelt. Das europäische Rennsystem ist ein Angebot an den orientalischen Windhund, nicht aber ein Zwangsmittel zum Erfolg. Spannung kann aufkommen, wenn sich Import-Salukis und ihre Nachzuchten auf der Rennbahn mit denen aus europäischen Linien messen. Da auch heute noch in der Heimat die Zucht auf Jagdgebrauch betrieben wird, sind ImportSalukis auch im Rennen oft favorisiert.

Orientalische (östliche) Windhunde

Die Freude an der Bewegung verwandelt diese Saluki-Hündin in wirbelnde Aktion, in einen Tanz voll müheloser Leichtigkeit, mit dem sie den Blick des Betrachters fesselt.

Ursprünglicher Typ oder Reimport?

Beim Thema Ursprungsländer kommt heute ein neuer Faktor ins Spiel. Nicht mehr jedes „Ursprungsland" kann heutzutage als Garant für ursprüngliche Tiere gelten. Im Zeitalter des Jetsets und des Kulturaustauschs, kurz der Globalisierung, werden auch andere Rassehunde in jene Länder des Orients eingeführt, die früher nur ihre eigene Windhundrasse kannten und pflegten. Hinsichtlich ursprünglicher Salukis wird zu unterscheiden sein zwischen Ursprungsländern mit traditioneller Lebensweise und alten Saluki-Stämmen (sicher die Mehrzahl) und solchen, die in zunehmendem Austausch mit der ganzen Welt stehen. Der Ölreichtum erlaubte es arabischen Staaten (zum Beispiel Staaten der Golfregion), sich das Zubehör und die Konstrukteure für ihr modernes „1001-Nacht-Ambiente" aus der ganzen Welt kommen zu lassen. In diesen Reimport einbezogen sind auch die Tiere für die orientalische Jagd bzw. den Sport: Pferde, Falken und Windhunde sowie das Know-how und

die Spezialisten für die Kliniken zur Behandlung dieser Tiere. Dabei ist man nicht gebunden an Rassestandards und Rassentrennung nach Art des westlichen Hundeswesens, sondern sieht die Windhunde, vor allem die der arabischen Brudervölker, als gleichartig an.

Wenn heute Salukis aus solcherart aufgestockten Zuchten der VAE (Vereinigte Arabischen Emirate) in die westliche Welt exportiert werden, ist die Frage von Interesse, ob es sich noch um „Originaltiere" handelt.

Aussehen

Der Saluki hat die typischen Merkmale der Orientalen: edler Kopf mit langen Behängen, langer schlanker Hals und ebensolche Gliedmaßen, tiefe und mäßig breite Brust, horizontaler Rücken mit leicht gewölbter Lende – eine Form voller Ebenmaß und Leichtigkeit. Das ganze Modell steht auf soliden großen Pfoten mit kräftiger Behaarung zwischen den Zehen. Das Gangwerk ist graziös und federnd. Der Laufstil ist fast schwebend. Seine Kraft und Ausdauer ist ihm äußerlich nicht anzusehen. In dieser Beziehung wird die Rasse leicht unterschätzt. Die Hunde sind viel robuster, als sie scheinen mögen. Die zähe, ausdauernde Kraft des graziösen Salukis erfährt ihre Ergänzung durch die ungewöhnliche Wendigkeit und die Sprungkraft aus dem Stand. Der Standard gibt eine Größenskala von 58,5 bis 71 cm an.

Farbenvielfalt und Befederung

Im Gegensatz zur klassisch strengen Farbe und Form seines nordafrikanischen Verwandten Sloughi zeigt sich der Saluki

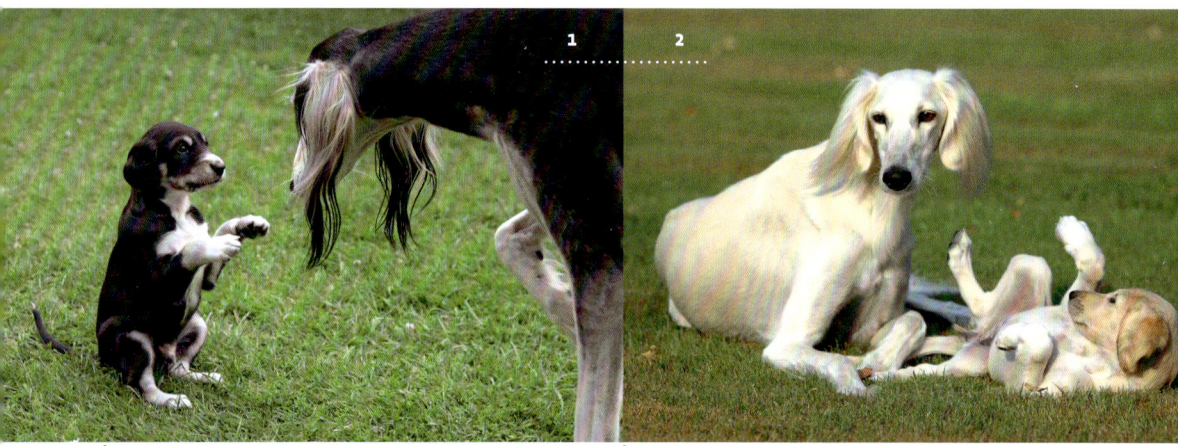

farbenprächtig in den Tönen seines Haarkleides. Neben Weiß, Creme, Gold, Rehbraun, Rot, Grau und Schwarz darf der Saluki auch dreifarbig sein und viele Variationen und Kombinationen dieser Farben zeigen. Anmutig befedert an Behängen und Rute sowie gegebenenfalls an den Hinterseiten der Schenkel und Läufe wirkt er leicht und spielerisch. Es gibt aber auch ganz glatthaarige Exemplare, die zumindest in Europa wesentlich seltener sind. Für sie gilt der gleiche Standard. Befederte und unbefederte können gepaart werden, wobei der Wurf dann beide Typen enthalten kann.

Wesen und Charakter

Der Saluki ist sehr anhänglich an die Person, die es verstanden hat, seine Liebe und sein Vertrauen zu gewinnen – anhänglich, jedoch ohne zu übertreiben. Parieren auf Kommando gehört nicht zu seinem Repertoire. Er folgt als „Vollblutorientale", nachdem er es sich eine Weile überlegt hat. Im Prinzip lernt er gut, solange es ihm Spaß macht. Bei einer sehr guten Mensch-Hund-Beziehung kann der Saluki sogar an Begleithundaufgaben herangeführt werden. Die Reize seines Charakters erschließen sich weniger dem Fremden als dem vertrauten Besitzer, für den seine Zuneigung reserviert ist. Im Wesen ist der Saluki sanft und sensibel, jedoch nicht ohne Eigenwilligkeit. Aufmerksam ist er, nicht angriffslustig. Übergroßer Sensibilität im Wesen oder Scheu sollte allerdings züchterisch entgegengewirkt werden, auch wenn man berücksichtigen muss, dass es für Wüstensalukis überlebenswichtig sein konnte, nicht allzu vertrauensselig auf fremde Menschen und ungewohnte Situationen zu reagieren. Seine Liebe geht nicht durch den Magen.

Wer dem Saluki Gelegenheit zu ausgiebigem Auslauf gibt, der gilt ihm – wie vielen anderen Windhunden auch – das meiste. Hinsichtlich des Freilaufens gelten die Bedenken, die sich für jeden schnellen, unabhängigen Windhund in den engen Grenzen einer hoch technisierten Umwelt ergeben. Die saubere, sanfte Art im Haus macht es angenehm, auch mehrere Tiere zu halten.

1 – 2 *Saluki-Welpen üben respektvolle Gesten den Erwachsenen gegenüber.*
3 *Die Welpen in der Begegnung mit einem Rüden.*
4 *Erwartungsvolle Blicke aus der Kinderstube.*

Der Sloughi hat das typische Exterieur des orientalischen Windhundes. Ohne lange Haare oder Fransen zeigt er sich mit klar gemeißelten Umrissen. Der edle Sloughi ist trocken wie das arabische Vollblutpferd.

Der Sloughi

Europäische Reisende und Entdecker, die zu Beginn des 19. Jahrhunderts begannen, die bis dahin verschlossene arabische Welt und das unzugängliche Nordafrika zu erforschen, brachten zusammen mit einem bunten Bilderbogen an Berichten die Kunde vom Sloughi, dem Windhund Nordafrikas, mit. Die ausführlichste und treffendste Schilderung gab Mitte des 19. Jahrhunderts der französische General Eugène Daumas, Arabienkenner und bekannter Hippologe. In seinem 1853 in Paris erschienenen Buch „Die Pferde der Sahara" widmete er große Teile diesem besonderen Hund und seiner Tradition und setzte dem Sloughi damit ein historisches Denkmal.

Wertvoller Begleiter

Mit großem Einfühlungsvermögen in die afrikanisch-arabische Welt zeigt Daumas den Sloughi als den noblen Jagdgefährten der Beduinen, der die aufmerksamste Behandlung erfährt, der als Welpe teilweise an der Brust der Frau genährt wird, der im Zelt an der Seite seines Herrn schläft, der durch Decken vor Kälte geschützt und mit Halsbändern und Talisman geschmückt wird, der vom besten Essen erhält, der gastlich aufgenommen wird, wenn sein Herr Besuche macht, der von hohem Wert ist, wenn er durch seine Jagd die Familie ernährt. Am Ende seines Lebens, so schreibt Daumas, wird er beweint und betrauert. Sein Wesen wird als klug und edel beschrieben, seine Manieren als vornehm und stolz.

Körperbau

Der Sloughi hat das typische Exterieur des orientalischen Windhundes: edler Kopf mit hängenden oder leicht eingeschlagenen Ohren, langer Hals. Ohne den Mantel des Afghanen, ohne die verspielte Befederung des Salukis zeigt er seine quadratische Körperform mit exakter gerader Linienführung und tiefer, geräumiger Brust bei aufgezogener Bauchpartie. Dabei ist er besonders hochbeinig und hat kräftige, gesunde Füße. Wie gemeißelt erscheint die Klarheit seiner Umrisse, wenn der Sloughi in richtiger Kondition ist. Die Adern und Sehnen zeichnen sich beim edlen Sloughi ab; er ist trocken wie das arabische Vollblutpferd.

Seine Schönheit hat etwas Besonderes, Asketisches. Sein melancholischer Ausdruck fasziniert. Der Blick seiner schwarz umrandeten Augen, die geschminkt wirken wie die einer orientalischen Tänzerin, dringt tief und hält einen fest. Die schwarze Maske, eine Zeichnung, als wenn das Gesicht in Ruß getaucht worden wäre, ist für viele Tiere charakteristisch.

FCI-Nummer	188
Ursprungsland	Marokko
Schulterhöhe	R 66–72 cm, H 61–68 cm
Gewicht	18–25 kg

1 Schon eine kleine Persönlichkeit und nicht zu übersehen: der Sloughi-Welpe mit schwarzem Mäntelchen.
2 Edle Sloughis machen auch in Parks und Gärten eine gute Figur.
3 Drei Sloughis als Repräsentanten der drei Standardfarben: „Sandfarben mit schwarzem Mantel", „Sandfarben" und „Sandfarben-Gestromt".

Farben und Größe

Es gibt nur drei Farben: Sandfarbig (von Hellsand bis Rötlich in allen Schattierungen, wie auch der Wüstensand), Schwarz mit lohfarbenen bzw. gestromten Abzeichen und Gestromt. Die dunkleren Farben kommen, neben der Sandfarbe, in Übereinstimmung mit der Landschaft eher im Norden bzw. der Mitte der Maghrebländer vor, während in der Sahara der Sloughi so hell ist wie der Lichtschein auf dem Sand.

Ähnlich angepasst ist das Format der Sloughis: Der große, kräftigere Typ ist an die nördlichen Regionen und die Atlaszonen gebunden, während die Sloughis der südlichen Randgebiete der Sahara zierlich, fein und trocken sind. Die Schulterhöhe soll nach dem gültigen Standard zwischen 61 und 72 cm liegen.

Noch absolut nahe ihrem Ursprung zeichnen sich Sloughis durch ihre gesunde Konstitution aus. Trotz aller Feinheit sind sie kraftvoll, zäh und robust. Ihre Vitalität war der Garant für das Überleben unter extremen Bedingungen.

Frühe Rasseporträts

Das Sloughi-Porträt von Daumas, das den nordafrikanischen Windhund inmitten der jahrhundertealten Tradition der Wüstenbewohner zeigt, blieb die klassische Beschreibung der Rasse, die von den meisten Literaten übernommen wurde und auch bei „Brehms Tierleben" wiederzufinden ist. Verschiedene andere Reisende und Naturforscher aus der zweiten Hälfte des 19. Jahrhunderts erwähnten den Sloughi ebenfalls in ihren Berichten, so zum Beispiel Nachtigall, Rohlfs und Kobelt. Bei vielen frühen Beschreibungen durch Europäer spürt man aber immer wieder das Bemühen, den Sloughi zum englischen Greyhound in Bezug zu stellen, den

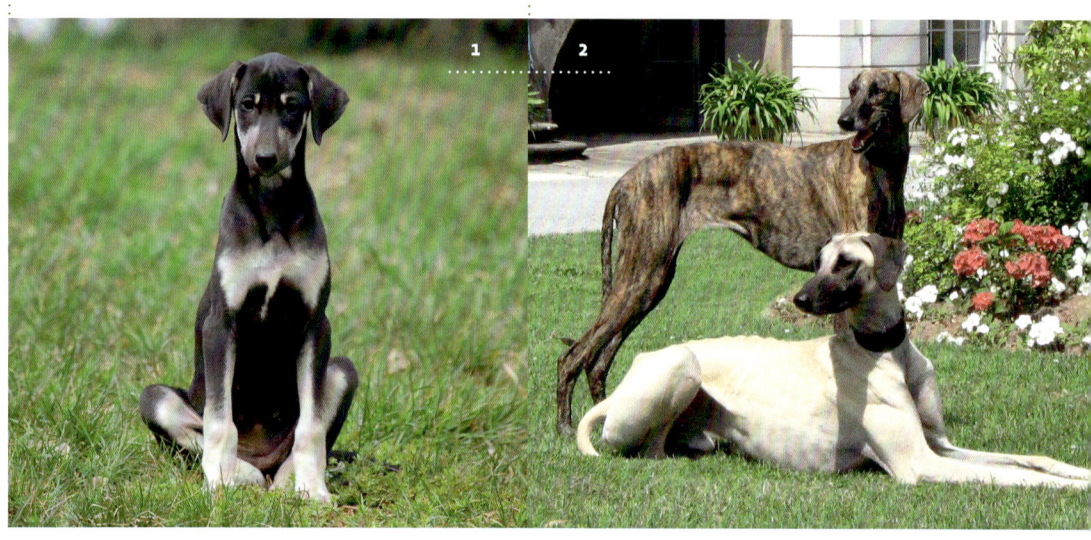

man damals am besten kannte und für den „Windhund par excellence" hielt. Der Deutsche Kobelt hinterließ in seinen Reiseerinnerungen eine treffende Kennzeichnung:
„... ein prachtvoller wolfsstreifiger (gestromter) Windhund, ein echter Sloughi der Wüste, eine schöne Rasse, ganz unserem großen Windhund gleich, vielleicht etwas stärker gebaut, mit hängenden Ohren, ungemein graziös und vornehm in seinen Bewegungen. Sie halten sich getrennt von den gemeinen Dorfhunden, wie von einer anderen Art. Ihre Schnelligkeit ist sehr groß, aber nur die Besten, in den Händen der vornehmsten Führer, können eine Gazelle fangen. Der Sloughi ist Liebling der Araber und ihrer Kinder."

Außergewöhnliche Eigenschaften

All die Sorgfalt und Pflege in seinen Ursprungsländern wurde dem Sloughi nicht nur um seiner selbst willen zuteil, sondern wegen seiner außergewöhnlichen Fähigkeiten. Bezüglich seiner Erziehung zur Jagd heißt es bei Daumas: „Dem ungeachtet wird der Sloughi noch nicht zur Jagd verwendet, höchstens nachdem er 15 oder 16 Monate alt geworden ist, gebraucht man ihn wie die übrigen, aber von diesem Augenblick an mutet man ihm auch fast das Unmögliche zu, und er führt das Unmögliche aus."

Entstehung der Rasse

Man kann den Sloughi zurückverfolgen bis in die Zeit der Pharaonen. Schon auf den Wandreliefs ägyptischer Monumente aus der Zeit vor 3 500 Jahren wurden seine Vorfahren in Jagdszenen dargestellt. Noch ältere Zeugnisse von glatthaarigen, hängeohrigen orientalischen Windhunden sind aus der Blütezeit der mesopotamischen Kultur erhalten.

In Nordafrika sind glatthaarige Windhunde in den Fellfarben Sand, Gestromt und Schwarz seit mindestens 2 000 Jahren dokumentiert. Auf kunstvollen römischen Mosaiken sind sie bei der Jagd auf afrikanisches Wild verewigt (u. a. im Bardo-Museum in Tunis).

Mit ihrem milden träumerischen Blick scheinen sich die beiden Sloughi-Hündinnen in den Dünen an ihren nordafrikanischen Ursprung zu erinnern.

Mutmaßlich mit den Zügen arabischer Eroberer gelangten im 7. und 8. Jahrhundert n. Chr. auch deren Windhunde in den Maghreb. Man kann davon ausgehen, dass aus der Verschmelzung beider Typen die heutige Form des Sloughis hervorging. Der Sloughi wird auch Arabischer Windhund genannt, obwohl er ebenso der Windhund der Berber ist, der alteingesessenen Bevölkerung Nordafrikas. Als Ursprungsländer des Standard-Sloughis zählen die nordafrikanischen Maghrebstaaten Marokko, Algerien und Tunesien; auch Libyen kann noch dazugerechnet werden. In diesen Ländern kommt er genetisch rein und unverwechselbar vor.

Modernes Leben

Auch in Nordafrika zieht die Neuzeit ein. Die Lebensbedingungen für Nomaden und Windhunde sind nicht mehr die gleichen wie noch zu Zeiten von Daumas. Auch die Tage der großen Sultane und Scheichs sind vorbei, die noch zu Beginn dieses Jahrhunderts berühmte Sloughi-Zuchten mit Dutzenden von Tieren, dazugehörigen Pferden und Dienern zu ihrer Betreuung unterhielten. Doch das Land ist weit und die Passion für den Sloughi tief verwurzelt. Fernab der großen Städte und Touristen-Mekkas wird die Sloughi-Tradition noch gepflegt, heute weniger romantisch anmutend als vielmehr nützlich-praktisch.

Im Marokko des 20. Jahrhunderts galt lange Zeit Jagdverbot. Das hatte eine ziemliche Repression für die Rasse Sloughi zur Folge. Aktuell hat sich die Situation wieder geändert. Es haben sich in Marokko Jagdvereine gegründet. Sie dürfen zu bestimmten Terminen Jagdevents und Rassepräsentationen veranstalten, was der Haltung und der Zucht des Sloughis sehr zugute kommt.

Der Sloughi schätzt jede Art von Bewegung und Sport, sei es Jogging mit Frauchen, Windhundrennen oder freies Durchstarten in geeignetem Gelände.

Der Anschluss Marokkos an die internationale Kynologie hat auch dem modernen Araber wieder ein Gefühl für den Wert der eigenen Rasse gegeben: Stolz auf den Nationalhund und die arabische Tradition.

Sloughis im Ursprungsland

Auf einigen Reisen durch Nordafrika haben wir uns aus eigener Anschauung ein Bild über die Sloughis in ihrer Heimat gemacht. Wir trafen sie in den entlegenen Ansiedlungen im weiten marokkanischen Hügelland, wo die lehmgeputzten, strohgedeckten Berberhöfe mit der Farbe des Landes verschmelzen. Hier bewegten sich die großen, bewundernswert gut gewachsenen Sloughis relativ frei, ohne auch nur einem der vierfüßigen oder federtragenden Haus- und Weidetiere zu nahe zu kommen.

Die edlen Sloughis sind für die Hasenjagd bestimmt, während kräftig gezüchtete Rüden, mit ruhmreichen Narben bedeckt, von ihren Besitzern hinter räuberischen Schakalen hergeschickt werden, um die Herden zu schützen. Die wenigen Sloughis am Rande der großen Städte werden entweder von Europäern oder von Angehörigen der arabischen Oberschicht aus Freude an der schönen Rasse gehalten.

In den Oasen des Südens leben die Sloughis meist hinter den weißen Mauern der kubischen Häuser und Höfe, wo sie die heißen Tagesstunden ruhend im Schatten verbringen. Von Zeit zu Zeit geht es hinaus in die Sahara, wo es noch Wüstenhasen gibt. Wir haben die feinen edlen Sloughis auch bei den Nomaden am Rande der tunesischen Sahara gefunden, wo sie noch mit in den schwarzen Zelten leben oder im palmstrohgefertigten Winterlager in der Nähe der Oasen.

Die liebevolle, freundschaftliche Sloughi-Mensch-Beziehung beruht auf Gegenseitigkeit und Partnerschaft.

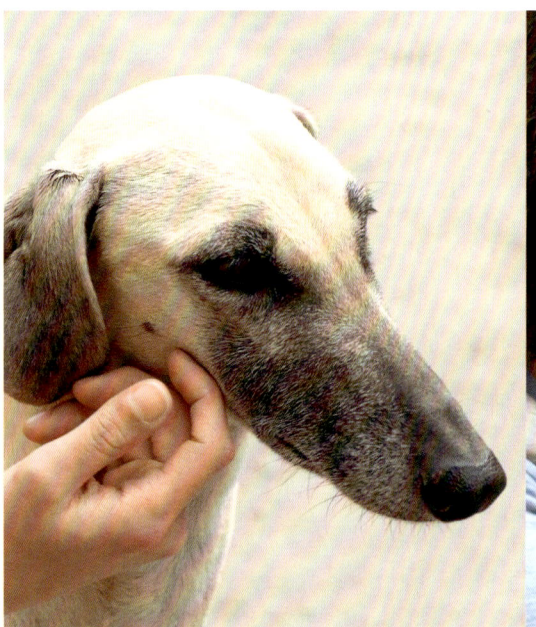

Traditionelle Haltung

Eine tunesische Sitte ist es, den Sloughis die Ohren zu kupieren und ihnen zusätzlich an der Innenseite der Vorderbeine drei charakteristische Brandmale in Form von schrägen Streifen anzubringen. Man findet dies nur bei echten Nomaden-Sloughis, deren Besitzer sich dadurch eine Verbesserung der Jagdeigenschaften ihrer Hunde versprechen.

Die Ernährung der nordafrikanischen Sloughis ist denkbar einfach. Sie werden mit Getreideprodukten, Milch und Olivenöl gefüttert. Vor besonderen Anstrengungen erhalten sie schon einmal Ei. Das ist im dortigen Klima und in Verbindung mit der intensiven Sonnenbestrahlung offensichtlich ausreichend, um schöne, leistungsfähige Tiere zu erhalten.

Wesen und Charakter

Die anfangs zitierte 150 Jahre alte Wesensbeschreibung des General Daumas kann man auch heute noch nachvollziehen.

Der Sloughi ist von unverbildetem Wesen, natürlichem Stolz und in jeder Hinsicht instinktsicher. Geburt und Aufzucht der Jungen können noch unabhängig von menschlicher Hilfeleistung erfolgen. Im Zusammenleben mit seinen Artgenossen sind uralte Verhaltensmuster zu beobachten, die durch ausdrucksvolle Gesten, Rituale und Rangordnungsspiele zum Ausdruck kommen. Das Gesicht des Sloughis zeigt eine lebhafte Mimik und Ausdrucksfähigkeit.

Der Sloughi ist ein kontaktliebender und zärtlicher Familienhund und ein angepasster Hausgenosse. Er schließt sich dem Menschen

Eine Symbiose wie in der Wüste. Die hellsandfarbene Sloughia verschmilzt mit der Farbe des Sandes und vermittelt ein Sahara-Feeling.

sehr eng an und wird seinem Herrn treu. Kindern gegenüber zeigt er sich in der Regel geduldig und nachsichtig. Freunde der Familie und willkommene Besucher werden mit Freudenbezeugungen begrüßt. Der Sloughi verschenkt seine Zuneigung aber nicht wahllos. Er hat ein feines Gespür für die Haltung und Einstellung von Menschen. Springt die Sympathie nicht über, kann er gleichgültig bis reserviert bleiben.

Fähigkeiten und Eigenschaften

Bei Gelegenheit kann der Sloughi durchaus wachsam sein und zum Schutz des Eigentums seines Herrn oder seiner selbst in Verteidigungsposition gehen. Besonders in seiner frühen Jugend wird viel menschlicher Kontakt dazu beitragen, die Möglichkeiten voll zu entfalten, die in ihm liegen. Der Sloughi ist durchaus lernbereit und lässt sich durch entsprechenden Tonfall der Stimme und ggf. Belohnung gut motivieren. Ein selbstbewusster Rüde verträgt in der Regel auch einmal ein energisches Wort.

Der Sloughi schätzt jede Art von Bewegung und Sport. Frei laufen lassen ist eine Frage der Einübung und der geschickten Auswahl eines geeigneten Geländes.

Man kann gut zwei oder mehrere Tiere zusammen halten. Auch mit anderen Hunden vertragen sich Sloughis gut, sodass es bei den meisten Besitzern nicht beim Einzelhund bleibt. Sloughis sind von sich aus reinlich. Sie putzen und lecken ihr Fell in Katzenmanier und verabscheuen Regen und Schmutz.

Eine Sloughi-Mutter in liebevollem Kontakt mit ihren Welpen. Durch geeignete Erziehungsmaßnahmen verschafft sie sich aber gleichzeitig den nötigen Respekt ihrer Kinder.

Zuchtentwicklung in Europa

Bis in die jüngere Vergangenheit war der nordafrikanische Windhund hierzulande nur ein seltener Gast. Über einige Stippvisiten um die Jahrhundertwende im Berliner Zoo und eine kleine Zuchtepisode in den Dreißigerjahren des vorigen Jahrhunderts ging seine Historie in Deutschland nicht hinaus. Holland erlebte eine begrenzte Blütezeit der Sloughi-Zucht zu Beginn des vorigen Jahrhunderts, die auf einigen durch den bekannten Maler August Le Gras importierten Tieren basierte.

Frankreich hat eine lang dauernde Beziehung zur Rasse Sloughi durch seine Präsenz in Nordafrika. 1925 gab Frankreich den Standard heraus und betreute den Sloughi später als „race française". Ab 1974 hat Marokko die Standardführung für den Sloughi selbst übernommen, sodass – einzigartig für die arabische Welt – ein Heimatland die Rassekennzeichen seiner Nationalrasse selbst festlegt und ein Zuchtbuch führt. Inwieweit die Errungenschaften der modernen Kynologie allerdings in den entfernteren Regionen des Landes wahrgenommen werden, ist eine andere Frage.

Eine sympathische Gruppe von Sloughi-Rüden und -Hündinnen verschiedenen Alters. Sie sind von instinktsicherem, natürlichem Wesen. Ihr Zusammenleben ist gut geregelt durch ursprüngliche Verhaltensmuster.

Heutige Zucht

In Deutschland haben die Autoren ab 1971 die ersten Sloughis neuer Zeit eingeführt und windhundsportlich bekannt gemacht. Deutschland besitzt heute eine qualitativ hochstehende Zucht mit ca. 1700 eingetragenen Tieren. Sloughis sind mit interessanten Konkurrenzen bei Ausstellungen und Windhundrennen vertreten. Darüber hinaus sind sie nun auch in anderen europäischen Ländern und in Amerika zu finden, wo es neue Pionierzüchter gibt.

Importe aus den Ursprungsländern werden nach wie vor begrüßt. Die vornehmste Aufgabe europäischer Züchter ist es, nicht nur die natürliche Schönheit des Sloughis zu fördern, sondern gleichzeitig die wertvolle Mitgift der arabischen Rasse, ihre Gesundheit und Instinktsicherheit, zu erhalten.

Die südlichste und extrem von der Wüste geprägte Windhundrasse ist der Azawakh. Er ist insgesamt feingliedrig und besonders trocken. Seine Eleganz zeigt sich auch in einem leichten federnden Gangwerk.

Der Azawakh

Eine der jüngsten bei uns anerkannten Windhundrassen ist der Azawakh. Jung, was seinen offiziellen Status als FCI-Rasse angeht: Der Standard wurde erst 1980 verabschiedet. Alt ist seine Geschichte und Tradition – nicht minder als die der anderen orientalischen Windhundrassen. Zu Beginn der Siebzigerjahre erschienen die ersten Exemplare in Frankreich, und fast parallel dazu kam ein Pärchen Azawakhs nach Jugoslawien. 1975 kam die erste Hündin aus Jugoslawien nach Deutschland.

Sloughi oder Azawakh?

Da diese Hunde glatthaarig waren, Hängeohren besaßen und aus Afrika stammten, wurden sie zunächst auf Ausstellungen als Sloughis vorgeführt. Dort ergaben sich natürlich Diskrepanzen wegen der Besonderheiten dieser Hunde, die nicht mit dem Sloughi-Standard vereinbar waren. Im Gegensatz zum Sloughi, der einfarbig sein soll, wiesen viele Azawakhs auf ihrem rotbraunen Haarkleid leuchtend weiße Abzeichen auf in Form von Stiefeln, weißem Brustfleck oder Halsstreifen bis hin zur weißen Blesse im Gesicht. Abgesehen von den farblichen Unterschieden, die vielen zuerst ins Auge sprangen, gab es auch anatomisch deutliche Besonderheiten, die die Azawakhs als eigene Gruppe auswiesen. Auf der Rennbahn zeigte sich zudem, dass Azawakhs auf der 480-m-Bahn eine im Durchschnitt um drei Sekunden geringere Geschwindigkeit haben als Sloughis und Salukis.

FCI-Nummer	307
Ursprungsland	Mali
Schulterhöhe	R 64–74 cm, H 60–70 cm
Gewicht	15–24 kg

Bereits 1972 empfahl die Windhundkommission, die Rassen Sloughi und Azawakh nicht zu vermischen und eine endgültige Entscheidung über den Status des Azawakhs abzuwarten.

Glücklicherweise hat man sich in Deutschland daran gehalten und hier den Azawakh rein bewahrt. Frankreich als das Land mit den meisten Originalimporten (obwohl auch dort deren Zahl – relativ gesehen – gering ist) und den ältesten Beziehungen zu Nordafrika hat das Patronat für die Rasse inne und ist standardführend.

Körperbau

Der Azawakh ist eine außergewöhnliche Erscheinung. Er ist die extremste Form aller bei uns gehaltenen Windhunde. Sein Gebäude hat die Form eines hochgestellten Rechtecks. Der Rücken ist kurz und gerade, die Gliedmaßen wirken besonders hochläufig. Die Brust von enormer Tiefe kontrastiert besonders stark mit der aufgezogenen Bauchpartie, wobei sich wegen der Rumpfkürze ein ungeheurer Niveauunterschied ergibt. Die sonst vielen Windhundrassen eigene „Spannung", das heißt die Biegung in der Rücken- oder wenigstens in der Lendenlinie, fehlt beim Azawakh völlig. Die Winkelung der vorderen und hinteren Gliedmaßen ist sehr mäßig und die Muskulatur flach. Dieses Gebäude weist ihn als einen unermüdlichen Läufer über lange Strecken aus, einen Hund, der vollkommen von der Wüste geprägt ist.

Der Azawakh ist insgesamt feingliedrig und besonders trocken, was durch sein samtartig kurzes Fell noch unterstrichen wird. Seine Haltung ist stolz, Kopf und Hals werden hoch getragen. Seine Ohren sind besonders groß und hängend und seine intensiv blickenden Augen mandelförmig geschnitten. Ein vollendeter Azawakh ist von bestechendem Adel. Seine Eleganz zeigt sich auch in einem leichten, federnden Gangwerk. Die Schulterhöhe beträgt abgestuft von Hündin zu Rüde 60 bis 74 cm.

In den Weiten der afrikanischen Halbwüste kommt dem Azawakh seine Genügsamkeit und seine Unermüdlichkeit zugute.

Farben

Die Fellfarbe Rot dominiert bei den in Europa gezüchteten Exemplaren. Es kommt aber auch Hellsand vor, genauso wie das dunklere Braun. Die schwarze Stromung wurde vom ersten Standard ausgeschlossen, ist aber seit ca. 15 Jahren akzeptiert. Charakteristisch sind die weißen Abzeichen, die sogar Pflicht sind, zumindest aber ansatzweise vorhanden sein müssen.

In seiner Heimat sind die Farbvariationen der Azawakhs größer. Die gestromte Farbe ist nicht selten, daneben gibt es weiße Tiere mit roten Platten oder weiße mit gestromten Platten. Die Farbenvielfalt im Ursprungsland findet aber bisher keinen kompletten Eingang in den Standard, wahrscheinlich deshalb, weil die ersten eingeführten Tiere alle rot oder sandfarben waren.

In Zentralafrika zu Hause

Die Heimat des Azawakhs sind die Gebiete südlich der Sahara. Zum geografischen Verbreitungsgebiet zählen die Republiken Mali und Niger und zum Teil Burkina Faso (Obervolta) und Mauretanien. Es ist die Sahelzone Afrikas, ein Halbtrockengürtel mit einem verarmten Boden und nur spärlichem Bewuchs, wo Mensch und Tier einen täglichen Existenzkampf auszufechten haben und eng aufeinander angewiesen sind.

Im Grenzgebiet zwischen Mali und Niger befindet sich das Azawakh-Tal. Es erstreckt sich über ca. 900 km vom Air-Gebirge bis hin zum Niger und ist ein vor langer Zeit ausgetrocknetes Flussbett, durch das vor vier Jahrtausenden noch Nebenflüsse des Niger flossen. Ca. 2 500 v. Chr. nahm die Austrocknung der einst fruchtbaren Sahara solche Formen an, dass die dortigen Hirtenvölker südwärts abwanderten und u. a. das Azawakh-Tal kolonisierten. Von diesem Tal hat die Rasse ihren Namen erhalten, da viele

Das Umrisslinien des Azawakhs haben die Form eines hochgestellten Rechtecks bei gerader Rückenlinie und steil stehenden Gliedmaßen.

Die Magie des Sandes beflügelt zu Fang- und Jagdspielen.

der anfänglich gefundenen Windhunde von guter Qualität aus dieser Region stammten.

Der Azawakh ist traditionell der Jagdhund der Tuareg, jener stolzen Nomaden, die über Jahrhunderte eine interessante und ungewöhnliche hierarchische Struktur bewahrten. Sie gliederten sich in verschiedene Kasten. Die Adligen, die von hellerer Hautfarbe und europäisch anmutenden Rassemerkmalen sind, hatten die Vasallenstämme unter sich und ließen Sklaven negroider Abstammung sowie Landpächter für sich arbeiten. Vom Mittelalter bis zur Neuzeit beherrschten sie die zentrale Sahara. Sie gehören zur großen Gruppe der Berber. Man nimmt an, dass sie ursprünglich in Nordlibyen beheimatet waren und sich eventuell erst im 11. Jahrhundert vor den kriegerischen arabischen Invasionen nach Süden zurückzogen.

Geheimnisvolle Ursprünge

Rätselhaft wie die Geschichte der Tuareg ist auch die des Azawakh-Windhundes. Es gibt drei Theorien über den Ursprung der Azawakhs:

Die erste nimmt an, dass der Azawakh eine rein afrikanische Windhundrasse ist, verschieden von den anderen Orientalen.

Die zweite beinhaltet, dass der Azawakh eine Varietät des asiatischen Windhundes verkörpert und dem ursprünglichen Typ gleicht, so wie er vielleicht vor 3 000 Jahren gewesen sein mag.

Die dritte Theorie besagt, dass der Azawakh von den Hunden abstammt, die mit den arabischen Eroberern nach Nordafrika gelangten. Die Tuareg haben sie vor ihrem Rückzug in die Südsahara kennengelernt und übernommen.

Wüstenhund Azawakh

Unter Berücksichtigung aller bekannten Umstände möchte man meinen, dass nicht nur die nordafrikanischen Berber und die Tuareg einen gemeinsamen Ursprung haben, sondern auch ihre Windhunde Sloughi und Azawakh. Unter dem Einfluss der extremen Lebensumstände südlich der Sahara und getrennt durch die Barriere der Wüste haben sich beide Gruppen eigenständig entwickelt. Sowohl die Tuareg selbst sind feingliedriger als ihre nördlichen Vettern als auch ihre Dromedare, die auf die gleiche Stammform zurückzuführen sind wie die der Berber; sie tauchte zu Beginn des ersten Jahrtausends in Nordafrika auf.

Ein gleiches Entwicklungsschema dürfte zur Herausbildung der Rasse Azawakh geführt haben, die sich als südlichste und extrem der Wüste angepasste Form (Isolationsform) des orientalischen Windhundes darstellt. So wie beim Azawakh sieht man übrigens auch bei den Dromedaren südlich der Sahara die Weißscheckung des Fells. Nicht nur die Tuareg, auch Peul und Sonrai, die im gleichen Gebiet sesshaft sind, besitzen Azawakhs. Bei jenen leben sie statt im Nomadenzelt mit im Lehmhaus oder in der Hirsestrohhütte. Allerdings ist die Gazellenjagd schon lange verboten. Heutzutage sind es höchstens noch Steppenhasen, die die Azawakhs zum Speiseplan ihrer Familie beitragen können. Vielfach schützt die Anwesenheit von Azawakhs auch die Ziegenherden vor Schakalen und ein Nomadenlager vor unerwünschten Eindringlingen.

Der Azawakh ist in Europa angekommen und fügt sich in die hiesige Umwelt ein. Dabei sichert ihm seine Schönheit und Eigenart einen eigenen Platz in der Kynologie.

Traditionell wird der Azawakh von seinen Besitzern mit Milch und einem Hirsebrei ernährt, eventuell angereichert mit Dattelmus und Speiseresten der Familie. Eine Nachwuchskontrolle wird dergestalt ausgeübt, dass man von einem Wurf nur den als besten und kräftigsten erscheinenden Rüden zur späteren Jagd übrig lässt. Gelegentlich wird eine Hündin zur Weiterzucht behalten.

Veränderungen der Lebensumstände

Das alles setzt voraus, dass die Nomaden ihre Wanderungen mit ihren Viehherden je nach Regenzeit oder Trockenperiode in der traditionellen Weise ausüben können. In den letzten Jahrzehnten haben jedoch verheerende Dürreperioden den Sahelgürtel heimgesucht, denen nicht nur große Teile des Viehbestands zum Opfer fielen, sondern auch den Menschen selbst wurde die Existenzgrundlage entzogen. Viele Tuareg mussten ihre traditionelle Lebensweise aufgeben und fristen ein ärmliches Dasein am Rande der großen Städte. Gleichzeitig wird von staatlicher Seite mit Gewalt eine Sesshaftmachung der Tuareg betrieben, um sie an die von ihnen verachtete Bauernarbeit heranzuführen. Unter solchen Umständen haben die Azawakhs ihre privilegierte Stellung verloren. Man kann daher viele vermischte Tiere finden, die mehr oder minder auf sich selbst gestellt versuchen, sich ihre tägliche Nahrung aus herumliegenden Resten zu beschaffen.

Der Azawakh in Europa

Während der hochblütige Azawakh im Sahelgebiet nur in einem intakten Nomadenclan eine echte Zukunftschance hat, hat er bei uns seinen eigenen Platz in der Kynologie gefunden, wo ein junger Kreis von Liebhabern von seiner Schönheit fasziniert ist und seine Eigenart erkennt und bewahrt.

Was Fütterung, Pflege und Unterbringung des Azawakh im häuslichen Kreis angeht, ist er pflegeleicht wie alle glatthaarigen Windhunde. Man sollte ihn vielleicht, in

Das edle Profil des Azawakhs mit intensivem Blick aus mandelförmig geschnittenen Augen.

Anlehnung an die in Afrika praktizierte Ernährung, nicht zu hochwertig füttern, das heißt ihm nicht etwa täglich pure Fleischkost servieren.

Der Azawakh gehört mit in den Familienkreis, wo er eine liebevolle, aber konsequente Behandlung schätzt. Er verfügt über einen ausgeprägten Individualismus. Zwang und Härte nützen bei ihm nichts, im Gegenteil. Mit freundlicher Beharrlichkeit erreicht man mehr im Umgang mit ihm. Er ist der Windhund für den Idealisten, der „Persönlichkeit" und Ursprünglichkeit respektieren, ertragen und sich an ihnen freuen kann.

Besonderes Wesen

Der Azawakh-Standard beschreibt sein Wesen folgendermaßen: „Von ursprünglicher Wildheit" hieß es im Standard von 1980. „Differenziert, Fremden gegenüber reserviert, manchmal sogar unnahbar" beschreibt es der Standard von 1994. Auf der anderen Seite, so lesen wir, „kann der Azawakh zu Leuten, die er anzunehmen geruht, sanft und liebevoll sein".

Wer den Azawakh verstehen will, muss seine Lebensweise in Afrika bedenken. Unter den archaischen, lebensfeindlichen Bedingungen der Halbwüste waren Wachsamkeit

Der Azawakh schätzt den Auslauf und das Angebot der Rennbahn.

und instinktives Misstrauen unter Umständen lebenserhaltend. Der Azawakh möchte vielfach Fremdes nicht spontan an sich heranlassen und unbekannten Dingen lieber ausweichen. Ein Azawakh wird jedenfalls kaum je gestohlen werden können. Dabei ist er in häuslicher Umgebung anschmiegsam, ruhig und angepasst.

Anforderungen an Besitzer und Züchter

Züchterisch wurde viel getan, damit die Rasse sich an die Gegebenheiten der hiesigen Umwelt anpasst. Besonders wichtig ist es, den Azawakh-Welpen schon von frühester Jugend an zu sozialisieren und ihn mit möglichst vielen fremden Menschen und neuen Situationen vertraut zu machen. Für Besitzer, die verständnisvoll auf den Azawakh eingehen, ist es um so beglückender, wenn er dann mit den Anforderungen des modernen Lebens stressfrei zurechtkommt und sich gut führen lässt.

Eine Herausforderung an einen motivierten Züchter wird es sein, die hiesige begrenzte Population vor zu engen Verwandtschaftsgraden zu bewahren. Der Erweiterung des Genpools sollte bei dieser Rasse ein hoher Stellenwert eingeräumt werden.

Auch der Azawakh braucht viel Bewegung und täglichen Auslauf. Auf den Betrieb der europäischen Rennbahn stellt er sich gut ein. Seine Passion für die Jagd macht das Training leicht, und so stellt dies eine gute Alternative zu dem in unseren Breiten nicht ungefährlichen freien Auslauf dar.

HALTUNG

Voraussetzungen für die Windhundhaltung 142

Auswahl und Erwerb eines Windhundes 151

Die Ernährung 166

Die Pflege 170

Voraussetzungen für die Windhundhaltung

Es gibt Leute, die spontan einen Züchter anrufen: „Haben Sie Welpen? Ich nehme einen!" Und es gibt Leute, die den Windhund mit sehnsüchtigem Verzicht betrachten, weil sie von vornherein meinen, ein solcher Hund müsse sicher so schwierig zu halten sein, dass sie diese Anforderungen niemals erfüllen können.

Die erste Gruppe ist zu forsch und unbekümmert. Der Windhundkenner hat das Bedürfnis, sie zu bremsen und erst einmal zu informieren. Der zweiten Gruppe möchte man Mut machen. Es sind in der Tat nur einige wenige Punkte, die bei der Haltung beachtet werden müssen. Diese allerdings sind wichtig. Mit ihnen sollte sich der Besitzer in spe vorher vertraut machen.

Zeit für den Hund

Voraussetzung für die Haltung eines Hundes, gleich welcher Rasse, ist natürlich an erster Stelle, dass man Zeit hat. Für einen Hund, wie auch für ein Kind, ist es unumgänglich, dass zumindest eine Bezugsperson zu Hause ist, und zwar den größten Teil des Tages. Erwachsene Hunde halten es auch einige Stunden allein aus. Sollte das regelmäßig der Fall sein, so wäre es ideal, wenn sich zwei Windhunde Gesellschaft leisteten. Auf diese Weise könnte – notfalls (!) – auch eine halbtägige berufliche Abwesenheit überbrückt werden.

Mit einem Windhund kann man in diesem Punkt in der Regel ein zufriedenstellendes Arrangement treffen, wenn man ihm vor und nach eigener Abwesenheit ausgiebigen Auslauf bietet. Er wird dann zumeist während der Abwesenheit seines menschlichen Partners ruhen.

Drei wichtige Fragen

Abgesehen von der Grundvoraussetzung, der „Zeit für den Hund", sollte sich der Interessierte insbesondere drei Fragen stellen: Die erste ist wichtig: Bin ich bereit, den Windhund mit in die Wohnung aufzunehmen? Die zweite und dritte sind lebenswichtig: Bin ich von meiner Mentalität her geeignet, mit dem Windhund umzugehen? Und kann ich es ermöglichen, das Laufbedürfnis meines Windhundes zu befriedigen?

Wohnungshaltung erwünscht

Der Windhund ist schön, repräsentativ und nicht zuletzt dekorativ. Er fühlt sich wohl auf echten Teppichen und Polstermöbeln; er

versteht es auch, sich in seiner Umgebung würdevoll und anmutig zu bewegen. Er liebt Autofahren und kann stundenlang ein angenehmer Begleiter auf dem Polster des Rücksitzes sein.

Das sollte jedoch nicht zu dem Schluss verführen, man könne ein solches Bild der Grazie nur zur Zierde des Hauses oder als schmucken Begleiter halten. Die Voraussetzung der Wohnungshaltung ist absolut richtig. Der Windhund will in menschlicher Gesellschaft sein. Zu jeder Zeit haben Windhunde in enger Gemeinschaft mit dem Menschen gelebt, mehr als die meisten anderen Hunderassen. Die Verbannung in einen Zwinger, an irgendeinen Ort außerhalb des direkten menschlichen Umgangs würde seine seelische Verkümmerung zur Folge haben. Das heißt natürlich nicht, dass sich, wo mehrere Windhunde gehalten werden, diese nicht auch in Gesellschaft von ihresgleichen sehr wohlfühlen würden, im Garten oder einem separaten Aufenthaltsraum beispielsweise. Nur eben nicht ständig, sondern stundenweise.

1   Bewegung im Freien ist wichtig und lastet aus. Der sportlicher Besitzer animiert zu Laufspielen.
2–3 Erwachsene Windhunde können im Haus täglich stundenlang ruhen, wobei sie einen bequemen Platz besonders schätzen. Dieser befindet sich meist auf Sessel und Sofa.

Draußen aktiv, drinnen entspannt

Ideal für die Wohnungshaltung ist der Gesichtspunkt, dass Windhunde im Haus in erster Linie ruhen, wenn sie Gelegenheit zur täglichen Bewegung im Freien haben. Pauschal gilt dies für die großen Rassen mehr noch als für die kleinen. Bedenken gegen einen großen Rassevertreter, von dem manche Menschen eher Unruhe in der Wohnung befürchten, sind aus diesem Grund gegenstandslos; das Gegenteil ist der Fall.

Dass eine luxuriöse Umgebung keine Bedingung für seine Haltung ist, versteht sich von selbst. „Palast" oder „Zelt" – zusammen mit seinem Herrn bewohnt der Windhund beides. Allerdings liegt der Windhund gern weich und auf einem erhöhten Platz. Das heißt, dass Sie ihn nicht unbedingt auf den nackten Fußboden komplimentieren sollten. Ein glatthaariger Windhund ist empfindlich gegen Zugluft und Kälte, und was viel wichtiger ist, er liegt gern in Augenhöhe mit seinen Menschen.

Anforderungen an den Besitzer

Eine noch wichtigere Voraussetzung für ein glückliches Zusammenleben ist die Mentalität des Besitzers. „Leben und leben lassen" ist die Kunst des Umgangs mit dem Windhund. Einen Windhund im dauernden Appellton anzureden oder unter scharfe Kommandos stellen zu wollen, wäre die Art, Hund und Mensch aneinander verzweifeln zu lassen. Menschen mit heftigem, ungeduldigem Temperament sind keine geeigneten Windhundbesitzer. Ein vergewaltigter Windhund verliert seine Würde und all das, was den Zauber seines Wesens ausmacht.

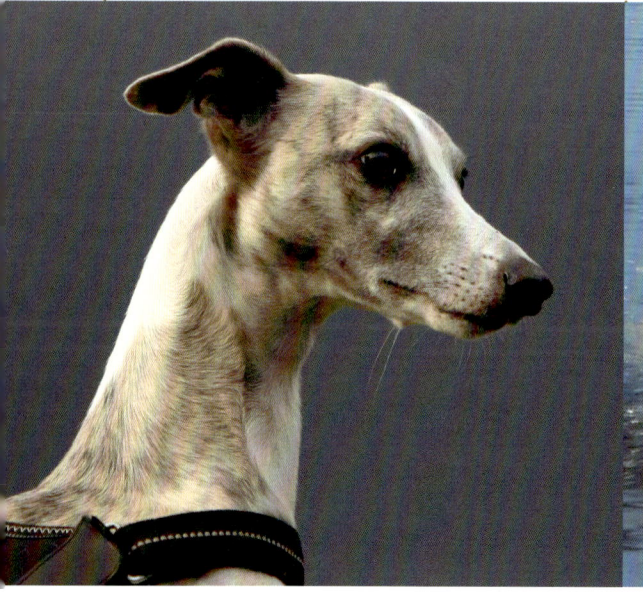

Die Bewegung des Windhundes erfreut auch das Auge des menschlichen Betrachters, so wie der spektakuläre Sprung dieses Whippets.

Regeln sind wichtig

Natürlich dürfen einige Regeln für ein geordnetes Zusammenleben eingeführt werden. Wenn Sie dem Erfolg Ihrer kleinen Übungen mit dem Windhund aber mit Gelassenheit entgegensehen und die Sache spielerisch aufziehen, werden Sie höchstwahrscheinlich angenehm überrascht werden. Der Windhund folgt freundlichen Worten in der gewohnten Umgebung fast so, als verstünde er sie wörtlich. Der erwachsene Windhund zeigt, wenn richtig aufgewachsen, ein von sich aus angenehmes Betragen, sodass Befehle des Besitzers in der Regel überflüssig sind.

Ihr Windhund lässt „Sie leben". Er verbreitet keine Unruhe in Ihrer Umgebung und macht Sie nicht nervös. Er bettelt nicht andauernd um Futter und will nicht laufend von Ihnen beschäftigt werden. Er wirft Sie auch nicht beim Morgengrauen aus dem Bett, sondern ist durchaus bereit, Ihre Ruhestunden mit einzuhalten.

Jagdtrieb

Der künftige Besitzer muss bereit sein, einen Freund aufzunehmen und ihm seine Lebensart zuzugestehen. Er sollte ihn das sein und bleiben lassen, was er ist: ein Individualist. Als Freund seines Hundes und mit dem Wissen um die Windhundart muss der Besitzer auch Verständnis für seinen – gegebenenfalls mehr oder weniger ausgeprägten – Jagdtrieb haben. Er sollte sich darauf einstellen und nicht etwa ein Leben lang versuchen, ihm diesen wie eine „Unart" auszutreiben. Der ständige Kampf gegen das, was doch in seinem Instinkt verankert ist, würde Herrn und Hund aufreiben.

1   Hunde, die während ihrer Aufzucht eine optimale soziale Prägung erhalten haben, verstehen sich auch mit anderen Hunden in Freiheit meistens gut.

Windhund bleibt Windhund

Manche Interessenten fragen speziell nach Hunden, die keine Hetzeigenschaften haben sollen. Sie möchten wohl das bestechend schöne, aristokratische Äußere, nicht aber die Vollzahl der dazugehörigen Eigenschaften. Es wäre für sie viel bequemer, wenn dieser herrliche Hund ohne Leine neben ihnen herlaufen oder auch ohne Gartenzaun am Haus bleiben würde. Aber es ist ähnlich, als wollte man von einem Vollblutpferd verlangen, dass es ohne Einfriedung im Hintergärtchen bliebe. Wenn man auf ein solches Verhalten Wert legt, sollte man sich vernünftigerweise mit einem Esel oder einem Schaf begnügen.

Es ist ja nicht so, dass der Windhund beim Freilaufen sein Herrchen oder Frauchen verlassen und ihm weglaufen wollte – nur der Radius, den er in der Regel zieht, ist in unserer modernen, eng begrenzten Umwelt so groß, dass er ihn eventuell in Gefahr bringt. Wohlgemerkt, es gibt individuelle Unterschiede: Hunde, die nur wenig Neigung haben, sich beim Auslaufen zu entfernen, solche, die losjagen, aber auf Ruf kommen, und solche, die starten und erst nach längerer Zeit an Rückkehr denken. Eine glückliche Hand bei der Erziehung des jungen Hundes vermag allerdings in dieser Beziehung auch einiges zu steuern.

Befriedigung des Laufbedürfnisses

Welche Anforderungen stellt der Windhund hinsichtlich seiner Bewegung und Auslastung? Ideal für die Windhundhaltung, wie überhaupt für die Hundehaltung, ist ein Garten ums Haus. Dieser muss eingezäunt sein, denn nur ein für sie unüberwindlicher Zaun wird die meisten Windhunde davon abhalten, auf eigene Faust loszustreifen. Ein Garten bringt für Sie selbst und Ihren Hund natürlich viel Erleichterung und Bequemlichkeit mit sich. Jedoch wird das Grundstück allein auf die Dauer nicht ausreichen, den Hund bewegungsmäßig und emotional

2 Der springende Afghane vermittelt Lebensfreude und Begeisterung beim Spiel.
3 Der Magyar Agar zieht auch im tiefen Schnee weite Bahnen.

auszulasten. Der erwachsene Hund wird sich nämlich nicht, wie der Welpe es tut, im Garten „austoben", so wie vielleicht ein Mensch sein Fitnessprogramm auf einer vorgezeichneten Strecke absolviert. Damit der Garten auch auf Dauer für Auslauf und Spiel genutzt wird, müssten schon mindestens zwei Hunde gehalten werden.

Wenn der Besitzer kein allzu bequemer Mensch ist, kann er seinem Hund die nötige Bewegung auch auf andere Weise verschaffen. Kein noch so großer Garten ersetzt Spaziergänge, die schon der Abwechslung und der neuen Eindrücke wegen wichtig sind. 1½ bis 2 Stunden täglich, auch gern in zwei Etappen, sollten eingeplant werden. Wenn große freie Flächen in der Nähe sind, möglichst weitab vom Autoverkehr, und wenn der Hund gelernt hat, auf Ruf zurückzukommen, kann er frei laufen.

Sichere Auslaufgebiete

Es sollte von vornherein einkalkuliert werden, dass sich beim Erwachsenwerden eine stärkere Unabhängigkeit bemerkbar machen kann oder sein Jagdtrieb mit ihm durchgeht, wenn er ein „Auslöseobjekt" sichtet. Da ein Windhund in kürzester Zeit größte Distanzen überwindet, ist die Gefahr groß, dass man ihn aus den Augen verliert und dass ihm etwas zustoßen kann.

Der Windhund sollte also vorsorglich nur dort freigelassen werden, wo kein Risiko für ihn besteht. Ein ausgewiesenes Auslaufgebiet wäre gut geeignet, wo der Windhund Kontakt mit anderen frei laufenden Hunden hat. Vielleicht kann der Windhundbesitzer auch ein eingezäuntes Sportgelände mit benutzen.

Der Greyhound genießt seine Freiheit am Wasser. Der Auslauf ohne Leine kann vom Windhund nur genutzt werden, wenn dieser fernab von Autostraßen und sonstigen Gefahren der Umwelt erfolgt.

Sollte der Hund jedoch an der Leine bleiben müssen, muss der Besitzer andere Möglichkeiten ausschöpfen, um ihm das nötige Laufpensum zu verschaffen. Vielleicht würde ihm selbst ein wenig Jogging guttun. Ein ausgezeichnetes Konditionstraining erreicht man beispielsweise, wenn man den Hund am Fahrrad mitnimmt. Dabei kann man in kurzer Zeit entsprechend weite Strecken zurücklegen. Wenn man zu zweit unterwegs ist, kann man durchaus trainieren, den Hund durch Hin-und-her-Schicken zum Sprinten zu veranlassen. Es gibt auch Windhundbesitzer, die mit ihrem Tier eingeübt haben, neben einem motorisierten Fahrzeug herzulaufen. Dazu sind auf jeden Fall einsame Wege ohne Verkehr nötig, entsprechend viel Geschick und vorangegangenes Training.

Windhundrennen und anderes Training

Die ideale Möglichkeit ist natürlich das Windhundrennen. Windhundrennbahnen und Trainingsplätze sind in ganz Deutschland und Europa vorhanden. Mit dem Auto ist es unproblematisch, den nächstgelegenen Windhundplatz zu erreichen. Hier genießt der Windhund das „totale Lauf- und Jagderlebnis", das ihn nicht mit seiner Umwelt in Konflikt bringt und gleichzeitig sicher für ihn ist.

Viele Rennplätze öffnen ihren Mitgliedern den Platz auch unter der Woche als Lauf- und Spielgelände außerhalb der Trainingszeiten.

Es gibt auch Trainingsmaschinen zu kaufen (mancher technisch versierte Besitzer hat sie auch selbst gebastelt, indem er ein Fahrrad umbaute), mit denen man eine kleine Laufstrecke auf geeignetem Gelände selbst ziehen kann.

Schließlich kann man eventuell auch mit dem Angebot „Agility" eine gewisse Beschäftigung seines Windhundes erreichen.

Sie dürfen davon ausgehen, dass ein Windhund in der zweiten Lebenshälfte wesentlich ruhiger wird. Ist Ihr Hund über die ersten „schnellen" Jahre hinaus oder erwägen Sie überhaupt, einen Windhund aufzunehmen, der seine Rennkarriere bereits hinter sich hat, so haben Sie mit einem wesentlich geringeren Laufpensum zu rechnen. Auch spontane Ausflüge sind kaum noch zu erwarten. Langweilig wird Ihr Windhund dennoch nie, und seine Frische erhalten Sie mit regelmäßigen Spaziergängen.

Auswahl und Erwerb eines Windhundes

Wenn man sich entschlossen hat, einen Windhund in die Familie aufzunehmen, so stellen sich für den Besitzer in spe zunächst einige Fragen. Woher bekommt man einen solchen Hund? Wie alt sollte er am besten sein? Soll man sich auf Rüde oder Hündin festlegen? Wohin kann man sich überhaupt wenden, um nähere Informationen zu bekommen oder um die Rasse, die einen besonders interessiert, einmal „in natura" kennenzulernen?

Die richtige Adresse

Für einen Windhund lohnt es sich, vorauszuplanen. Sie suchen einen sorgfältig gezüchteten Windhund und Sie erwarten bestimmte rassetypische Anlagen bei ihm. Sie haben eventuell ins Auge gefasst, mit Ihrem Hund später Windhundrennen oder Ausstellungen zu besuchen.

Wenn Sie sich diese Möglichkeiten offen halten wollen, so wenden Sie sich an einen der Verbände, der diese Einrichtungen in großer Anzahl geschaffen hat und entsprechende Veranstaltungen durchführt. Insbesondere ist hier der Deutsche Windhundzucht- und Rennverband (DWZRV) zu nennen.

Aufgaben des DWZRV

Der DWZRV ist die Vereinigung der Windhundfreunde Deutschlands. Er ist als Nachfolger des 1892 gegründeten Barsoi-Klubs einer der ältesten Rassehundevereine Deutschlands und gleichzeitig die größte nationale Windhundorganisation des Kontinents mit über 100-jähriger Erfahrung. Der DWZRV betreut alle von der FCI (Fédération Cynologique Internationale) anerkannten und in diesem Buch aufgeführten Windhundrassen und vertritt deren Interessen. Der DWZRV garantiert mit seinen Zuchtbestimmungen die Reinrassigkeit der gezüchteten und in die Zuchtbücher eingetragenen Windhunde und ist darum bemüht, die Zucht im wohlverstandenen Interesse der einzelnen Windhundrassen zu fördern und zu überwachen. Er ist gleichzeitig zuständig für das Rennwesen und kompetent in Fragen der Haltung und des Schutzes von Windhunden.

Bei der Anschaffung ist die Wahl des Züchters, der nach den Regeln eines Zuchtverbandes züchtet, von großer Bedeutung.

Der DWZRV gibt Ihnen gern weitere Auskunft über Fragen, die Sie im Zusammenhang mit Windhunden interessieren. Züchteradressen können Sie der verbandseigenen Fachzeitschrift „Unsere Windhunde" oder der Homepage des Verbands entnehmen. Auch auf Ausstellungen oder bei Windhundrennvereinen können Sie Näheres erfahren.

Weitere Vereine und Hilfsorganisationen

In jüngerer Zeit haben sich separat einige kleine Windhundvereine gegründet, von denen jeweils eine einzelne präferierte Rasse betreut wird. Nähere Angaben finden sich in der Zeitschrift „Unser Rassehund" des Verbandes für das Deutsche Hundewesen e. V.

Der Vermittlung in Not geratener Windhunde nehmen sich dankenswerterweise Windhundhilfsorganisationen an. Wer dort einen erwachsenen Hund übernimmt, möchte in erster Linie helfen. Er wird den Hund so akzeptieren, wie er ist. Das ist dann ein Windhund mit Vorgeschichte, die mehr oder weniger glücklich verlaufen sein kann.

Welpen vom Züchter

Wenn Sie Freude an der Aufzucht eines kleinen Welpen haben und ihn gemäß seiner rassetypischen Anlagen selbst prägen und erziehen wollen, bietet sich nur ein Weg an: der direkte Weg zum anerkannten Züchter. Ein Welpe soll direkt von der Mutter, möglichst ohne Zwischenstufe, in die Obhut des späteren Besitzers kommen.

Beim Züchter können Sie sich überzeugen, unter welchen Bedingungen die Hunde gehalten werden, wie die Welpen aufwachsen, welches die Eltern und Geschwister sind. Hier kann sich das für den Erwerb und

Kauspielzeug ist nicht nur für die beiden Magyar-Agar-Welpen wichtig, sondern auch für erwachsene Hunde.

Die beiden Greyhound-Damen haben sich zu hochtypischen Vertreterinnen ihrer Rasse entwickelt.

die weitere Betreuung des Hundes nicht unbedeutende Vertrauensverhältnis zwischen Verkäufer und Käufer entwickeln. Verantwortungsbewusstsein sollte nicht nur dem Käufer eines Hundes eigen sein, sondern es gehört genauso zum Verkäufer, der in der Regel einen Wissensvorsprung über die Haltungsvoraussetzungen und das Temperament seiner Hunde besitzt. Der seriöse Züchter wird immer in Ruhe Möglichkeiten für eine ausreichende Beratung und Information suchen und finden.

Natürlich kann nicht jeder Züchter Psychologe sein. Seine Sach- und Menschenkenntnis und das Interesse am weiteren Schicksal seiner Hunde sollten ihn jedoch zu einem Menschen mit Herz machen, für den der Kontakt mit dem Käufer nicht mit dem gegenseitigen Austausch von Leistungen endet. Den verantwortungsbewussten Züchter dürfen Sie auch später wieder ansprechen – sei es, um seinen Rat zu erfragen oder um ihn an den Ereignissen im Leben Ihres Hundes teilhaben zu lassen.

Überlegungen vor dem Kauf

Wenn Sie sich nach telefonischer Anmeldung zum Besuch einer Zuchtstätte auf den Weg machen, ist die Ungeduld meist schon sehr groß. Sie sollten jedoch – speziell, wenn Sie für später besondere Pläne mit Ihrem Windhund haben – gewisse Regeln nicht aus dem Auge verlieren. Es ist besser, Sie sind von vornherein bereit, eventuell auch eine kleine Weile auf einen guten Welpen zu warten, als 14 Jahre lang einen voreiligen Schritt zu bereuen.

Welpenaufzucht in der Zuchtstätte. Die Welpen brauchen während ihrer Prägephase viel menschlichen Kontakt und liebevolle Zuwendung. Hier sind Sloughi-Welpen in verschiedenen Altersstufen zu sehen.

Besondere Veranlagungen

Wenn Sie sich auf spätere Ausstellungsreisen mit Ihrem Hund freuen, ist es klug, verschiedene Zuchtstätten und die speziellen Zuchttiere auf ihre Ausstellungsergebnisse hin zu vergleichen.

Wenn Sie einen Windhund suchen, der die Veranlagung zum Rennen mitbringen soll, dann erkundigen Sie sich nach den Renneigenschaften der Stammlinie. Das ist zwar keine letzte Garantie für die später individuell sich entwickelnden Eigenschaften Ihres Hundes, aber doch richtungsweisend.

Der persönliche Eindruck zählt

Auch Ihr persönlicher Eindruck vom Züchter und gegebenenfalls seiner Familie sowie den Haltungs- und Pflegebedingungen seiner Hunde wird eine Rolle spielen bei der Wahl des Zwingers, der Ihr Vertrauen findet.

Ist ein windhundgemäßer Auslauf vorhanden und können auch die Welpen sich ungehindert im Freien austoben und Luft und Sonne genießen?

Sehen Sie sich die erwachsenen Hunde der Zuchtstätte an. Aus ihrem Verhalten können Sie Rückschlüsse auf den Charakter der Welpen ziehen. Sind sie frei und sicher im Wesen, wird auch das Jungtier zutraulich und kontaktfreudig sein, was zu der Erwartung berechtigt, dass diese positive Entwicklung sich bei richtiger Betreuung im neuen Zuhause fortsetzen wird.

Eingesperrte Welpen, die ohne Kontakt zur Außenwelt aufwachsen und vor Ihnen scheu zurückweichen, sollten Sie bedenklich stimmen. Ein Kauf aus Mitleid, um einen Hund etwa aus unwürdigen Verhältnissen „zu befreien", wird Ihnen wahrscheinlich viele Schwierigkeiten bereiten, dem sogenannten Züchter jedoch nur Platz für neue Würfe dieser Art schaffen.

Vielleicht ist eine etwas weitere Anfahrt zwecks Vorinformation erforderlich. Windhundzwinger gibt es nun einmal nicht wie Sand am Meer, besonders wenn es sich um eine seltene Rasse handelt. Nun, Windhundleute sind in der Regel sowieso mobile Menschen, und der ersten Fahrt zum Züchter folgen gewöhnlich viele andere nach, die dann zu windhundlichen Veranstaltungen oder einfach in auslaufgünstige Gefilde führen.

Während der Aufzucht sind die Welpen der Züchterfamilie sehr ans Herz gewachsen und es fällt oft schwer, die Hundekinder aus der eigenen Obhut zu entlassen.

Rüde oder Hündin

Vielleicht ist die Frage, ob Rüde oder Hündin, von vornherein entschieden durch einen bereits vorhandenen Hund, zu dem der zweite passen soll. Wenn Sie aber noch nicht festgelegt sind, warum sollten Sie sich nicht durch die Welpen des Wurfes inspirieren lassen, welches Tier und damit welches Geschlecht Sie wählen?

Rüde oder Hündin – beide haben ihren Charme und ihre Vorzüge. Die Hündin bezaubert durch ihre gewöhnlich sanfte, anschmiegsame Art, wodurch sie leicht zu lenken ist. Der Rüde beeindruckt durch seine imposante Erscheinung und durch sein selbstbewusstes Auftreten. In puncto Anhänglichkeit und Sensibilität steht einer dem anderen nicht nach.

Unter dem Aspekt des Windhundsports betrachtet ist der Rüde das ganze Jahr über fit. Die Hündin hat während der mindestens einmal jährlich auftretenden Hitze Pause, in der sie den Ausstellungen und Rennen fernbleibt.

Läufigkeit

In den drei Monaten nach der Hitze ist die Hündin wesentlich ruhiger und rennmäßig langsamer. Die Unterlinie kann sich durch die Schwellung der Milchdrüsen etwas verändern und der Appetit kann nachlassen.

Die sogenannte Scheinträchtigkeit ist keine Krankheit. Sie ist von der Natur so angelegt und entspricht dem Auf und Ab im weiblichen Rhythmus.

Die Hitze selbst ist bei den sauberen und sexuell meist eher zurückhaltenden Wind-

Die Auswahl eines Welpen ist nicht leicht. Alle sind zutraulich und verschmust. Der verantwortungsvolle Züchter kann beratend zur Seite stehen und bei der richtigen Entscheidung behilflich sein.

hunden kein Problem. Eine Schutzdecke auf dem Lager oder ein spezielles Höschen verhindern Spuren in der Wohnung, Spaziergänge an der Leine und ein wenig Aufmerksamkeit, um den unerwünschten Kontakt zu Rüden zu verhindern.

Kastration

Eine Hündin um der eigenen Bequemlichkeit willen kastrieren zu lassen, ist nicht angemessen. Durch Kastrieren wird man auch nicht die ewige Tophündin im Windhundsport erhalten, denn die Geschwindigkeit würde generell messbar nachlassen (genauso beim Rüden). Ob Hündin oder Rüde, wir sollten ihre Ganzheit respektieren, außer akute gesundheitliche Probleme würden eine andere Maßnahme erfordern.

Übrigens ist ein gemeinsames Halten von zwei oder mehr Tieren sehr gut möglich. Tiere gleichen Geschlechts harmonieren in der Regel gut miteinander. Wenn Rüde und Hündin zusammenleben sollen, sollte man für eine Trennungsmöglichkeit während der Läufigkeit sorgen. Vorteilhaft ist bei mehreren Hunden ein Altersunterschied, sodass den Tieren von vornherein ihre Rangfolge klar ist.

Die Auswahl eines Welpen

Nachdem Sie die Mutter des Wurfes kennengelernt haben und auch über den Deckrüden Bescheid wissen, kommt der Moment der Entscheidung für einen bestimmten Welpen. Es gibt junge Hunde, die das Herz im Sturm erobern, sodass es nichts mehr zu überlegen gibt. Wenn Sie aber vor einem Wurf stehen und nicht wissen, wie Sie es richtig machen sollen, dürfen Sie sich durchaus vom Rat des mit der Rasse vertrauten Züchters leiten lassen.

Darauf sollten Sie achten

Ein paar grundsätzliche Dinge können Sie selbst auf den ersten Blick erkennen:
- Der gesunde Welpe steht fest auf seinen Beinen und sieht gut genährt aus, ohne fett zu sein.
- Das Fell des Welpen glänzt.
- Augen, Nase und Ohren sind sauber und frei von Ausfluss oder Verkrustungen.
- Normal entwickelte und rassegerecht aufgezogene Welpen machen einen vitalen, lebensfrohen Eindruck.

Sagen Sie dem Züchter, wenn Sie vorhaben, den Hund später auszustellen oder mit ihm zu züchten, oder was Sie vielleicht an Temperament und sonstigen Eigenschaften bei ihm erwarten. Der gute Züchter hat ein Interesse daran, dass Sie den für Sie passenden Hund bekommen. Er kann aus seiner Kenntnis und den täglichen vergleichenden Beobachtungen bei den Welpen manches besser beurteilen. Er weiß beispielsweise auch, ob jener Welpe, der sich gerade während Ihres Besuches besonders munter zeigt, auch sonst so lebhaft ist oder nur gerade ausgeschlafen hat und ob ein anderer vielleicht nur deshalb teilnahmslos erscheint, weil er sich schon ausgetobt hat.

Auswahl und Erwerb eines Windhundes

Im Alter von 8 bis 10 Wochen ist der Galgo-Welpe in der Regel entwöhnt und hat den ersten Impfschutz erhalten. Er ist bald so selbstständig, dass er den heimatlichen Zwinger verlassen kann.

Spielerisches Kräftemessen mit den Geschwistern ist wichtig für das spätere Sozialverhalten (unten rechts: Saluki-Welpen, oben rechts: Galgo-Welpen).

Der Züchter kennt auch die Wachstumsstadien und kann ihre Auswirkungen für später abschätzen. Bei allem Bemühen sollte man sich aber vor Augen halten, dass dies nur Prognosen sind. Im Hund sind Anlagen vorhanden, die erst später zur sichtbaren Ausprägung gelangen, wenn er erwachsen wird. Nachdem man sich bei der Auswahl alle Mühe gegeben hat, muss man letztlich der Natur ihren Teil überlassen.

Preise

Der Kaufpreis sollte erst an letzter Stelle des Verkaufsgesprächs stehen. Rassehundezucht ist teuer, und Windhunde sind keine Allerweltshunde und haben ihren Preis. Die verantwortungsvolle Aufzucht von Hunden, die Zucht an sich mit diversen Ausgaben, bedingt erhebliche Unkosten, die der Züchter berechnen muss. Es gibt Preisunterschiede von Rasse zu Rasse, die auf gewisse Besonderheiten zurückzuführen sind. Die eine Rasse verursacht hohe Futterkosten, die andere ist selten und schwer zu bekommen, die dritte heikel in der Zucht. Ein Welpe aus einwandfreier Zucht kostet immer seinen angemessenen Preis.

Errungene Siegertitel erhöhen natürlich das Prestige des Züchters und sind so etwas wie Bestandteil seiner Visitenkarte. Die Siegertitel sind andererseits dem Züchter nicht kostenlos in den Schoß gefallen, sondern er hat seine Tiere mit hohem Aufwand an Zeit und Kosten in Konkurrenz gestellt.

Dem Nachwuchs von hochprämierten Elterntieren ist ein höherer Preis zuzubilligen als dem von völlig unbekannten Tieren. Die in den Titeln manifestierte Qualität der Stammtiere bietet eine gewisse Sicherheit dafür, dass man auch bei den Welpen quali-

tätsvolle Eigenschaften erwarten kann. Wie wir uns leicht vorstellen können, ist der billigste Hund nicht in jedem Fall auch der preiswerteste. Man sollte sich auch beim Kaufpreis immer vor Augen halten, dass dieser nur der Anfang in einer Kette von laufenden Ausgaben ist, die den Anschaffungspreis bald bei Weitem übertreffen.

Das richtige Alter

Im Alter von 8 bis 10 Wochen ist der Welpe in der Regel entwöhnt und hat den ersten Impfschutz erhalten. Er ist bald so selbstständig, dass er den heimatlichen Zwinger verlassen kann. Wenn Sie es sich aussuchen können, dann holen Sie Ihren Welpen zwischen der 10. und 12. Woche ab. Dieses Alter bietet die besten Voraussetzungen für seine Umgewöhnung. Aufgeschlossen für alles Neue, fügt er sich besonders leicht in die neuen Verhältnisse ein und lässt sich problemlos mit allem vertraut machen.

Natürlich kommt eine Menge Arbeit auf Sie zu, vor allen Dingen Beaufsichtigung – besonders am Anfang, wo es um Stubenreinheit geht und um Spiel und Beschäftigung während seiner Aktivitätsphasen. Sie haben eine zwar aufregende, aber schöne Zeit vor sich. Sie haben die Prägung Ihres Hundes in dieser so entscheidenden Phase voll in der Hand, und Sie erleben ihn von seinem reizendsten Welpenalter an.

Würden Sie gern einen schon größeren Junghund oder einen der erwachsenen Hunde des Züchters nehmen, so ist auch das – bei entsprechend verlaufener Aufzucht und Sozialisierung – gut möglich. Ein Hund, der in der größeren Hundeschar des Züchters die Nummer soundso viel war, gewöhnt sich in der Regel relativ leicht daran, der umhegte Mittelpunkt in einer Familie zu sein. Damit dies für beide Teile problemlos abgeht, ist es aber unbedingt notwendig, dass der Hund entsprechend geprägt und mit vielen Umweltreizen vertraut gemacht wurde.

Der erwachsene Windhund, der, aus welchen Gründen auch immer, seinen Platz wechseln soll, ist ein guter Hund für ältere Leute, die sich dem Temperament eines jungen Tieres nicht gewachsen fühlen oder glauben, dass sie keine 12 Jahre mehr einem Hund der Herr sein können.

Der Welpe kommt ins Haus

Endlich ist es so weit, dass Ihr neuer Hausgenosse bei Ihnen Einzug halten soll. Nehmen Sie eine Decke für die Fahrt mit. Auch einige saugfähige Tücher, eventuell aus Zellstoff, hat der Welpenbesitzer vorsorglich immer bei sich. Um das Malheur nicht herauszufordern, geht der Welpe mit leerem Magen auf die Reise. Vorsichtiges Fahren mit einigen Pausen zwischendurch und das Gefühl der körperlichen Nähe zu einer Begleitperson werden dem Welpen dieses einschneidende Erlebnis erleichtern. Je kleiner der Hund ist, desto weniger wird ihn diese Reise beunruhigen. Ist die erste Fahrt angenehm verlaufen, wird das Autofahren auch später problemlos vonstatten gehen.

Die richtige Unterbringung

Mit dem kleinen Windhund haben Sie ein zusätzliches Familienmitglied aufgenommen. Lassen Sie ihn also dabei sein, wo immer die Familie sich aufhält. Danach richtet sich auch der Standort seines Lagers. Es soll sich an einer geschützten, zugfreien Stelle befinden, ohne jemandem im Weg zu sein. Zum anderen soll es aber so liegen, dass das Familiengeschehen nicht fernab verläuft. Richten Sie Ihrem Welpen ruhig verschiedene Liegeplätze in den Zimmern ein, wo Sie sich gewöhnlich aufhalten. Das hat auch für Sie praktische Vorteile: Sie haben ihn immer unter Kontrolle. Das ist im ersten Lebensjahr ein besonders wichtiger Gesichtspunkt. Ob Sie einen Korb für ihn kaufen, ein Hundebett basteln oder ihm einen Sessel überlassen, hängt von Ihrem Geschmack ab. Ein Liegeplatz mit einer Umrandung gibt ein Gefühl der Geborgenheit. Kalkulieren Sie bei der Wahl seines Lagers ein, dass der junge Hund nur allzu gern dort, wo er lagert, zu knabbern beginnt. Eine verführerisch weiche Schaumgummiunterlage kann sich in Minutenschnelle in einen Berg bunter Schnipsel verwandeln. Wählen Sie daher solides, widerstandsfähiges Material, das auch repariert werden kann.

In der Nacht

An der Frage, wo der Welpe nachts bleiben soll, scheiden sich oft die Gemüter. Verstehen Sie ihn, wenn er auch nachts Ihre Nähe sucht. Er kommt ja aus einer Welpengemeinschaft, in der die Geschwister Körper an Körper, warm und sicher, die Nacht gemeinsam verbrachten.

Soll man nun vor dem jungen Hundekind die Türen kategorisch verschließen? Damit greifen Sie genau genommen einer Entwicklung vor, die sich nach einiger Zeit – im Zuge der Selbstständigkeit und des Erwachsenwerdens – von selbst vollzieht. Kann der Welpe dagegen auch nachts ein Lager in Ihrer Nähe beziehen, so werden er und damit auch Sie mehr Ruhe haben. Auch das Sauberwerden wird erleichtert, denn Sie hören ja, wenn er sich bemerkbar macht.

Sicherheit und Eingewöhnung

Haben Sie Ihre Wohnung schon kritisch überprüft, sozusagen mit den Augen des Welpen? Stellen Sie alles aus seiner

Körperkontakt beruhigt und schafft eine Vertrauensbasis zwischen Mensch und Welpe. Auch nachts sucht der junge Hund die menschliche Nähe, die ihm Sicherheit und Geborgenheit vermittelt.

Reichweite, was er auf keinen Fall bekommen sollte. Und lassen Sie ihn niemals da allein, wo er wertvolle Einrichtungen beschädigen oder in Kabel beißen könnte. Haben Sie auch Ihren Gartenzaun „welpensicher" gemacht? Ihr Hund wird Ihnen anderenfalls ganz schnell zeigen, wo die Schwachstellen sind. Sie haben ein wesentlich ruhigeres Gefühl, wenn Sie wissen, dass Ihr Hund im Garten sicher aufgehoben ist.

Der Welpe bringt im Alter von 12 Wochen alle Voraussetzungen mit, um sich schnell der neuen Familie anzuschließen und sich zu Hause zu fühlen. Zuerst kann es vorkommen, dass er etwas gedämpft und unsicher ist. Vielleicht fehlt ihm auch der Anreiz der Konkurrenz beim Fressen, sodass es so aussieht, als schmecke es ihm nicht. Keine Angst, das Füttern wird sich bald normal einspielen, und Ihr Welpe wird so viel zu sich nehmen, wie er braucht. Die Gewöhnung erfolgt beiderseitig – auch Sie müssen sich ja erst auf Ihren Windhund-Welpen einstellen.

Auswahl und Erwerb eines Windhundes

Kauspielzeug sollte immer vorhanden sein, denn das Hundekind möchte alles mit seinen Zähnchen erfassen und testen. Die Zeit mit dem heranwachsenden Hund ist eine intensive und auch besonders schöne Zeit.

Aktivität und Ruhephasen

Nachdem die erste Befangenheit gewichen ist, werden Sie sich seinem überschäumenden Temperament gegenübersehen. Alles, was Sie in den vorigen Kapiteln über das ruhige Wesen des erwachsenen Windhundes gelesen haben, gilt nicht für den Hund unter einem Jahr und schon gar nicht für den unter sechs Monaten! Das Hündchen, das mit seinem quadratischen Körperbau und seinen

relativ hohen Beinen schon fast wie ein richtiger Hund aussieht, ist momentan noch ein Baby. Bei einem Hundekind, ähnlich wie bei einem Menschenkind im entsprechenden Alter, müssen Sie auf alle Eventualitäten gefasst sein. Beide bedürfen der gleichen Beaufsichtigung und derselben Vorkehrungsmaßnahmen, wenn sie ihre Umgebung erkunden.

Auch bei Ihrem Hundebaby ist der Rhythmus tagfüllend: viermal Füttern, ungefähr zehnmal Hinausbringen, wilde Spielstunden und dazwischen lange, wohlverdiente Ruhepausen. Diese Ruhestunden müssen übrigens respektiert werden – auch wenn Kinder in der Familie sind, denen das schwerfällt. Und was Sie nicht vergessen sollten: nicht aus den Augen lassen! Wenn es still um ihn geworden ist, sodass Sie seine Anwesenheit vergessen, kann es sein, dass er schläft. Es ist aber auch möglich, dass er sich zurückgezogen hat und in aller Stille die Kappe Ihres Lieblingsschuhs abnagt. Viele Besitzer – und so sollte es im Idealfall sein – freuen sich an der „Kindphase" ihres Hundes, können auch über diese oder jene „Missetat" lächeln und nutzen die Zeit, um mit ihrem Hund zusammenzuwachsen.

Ein paar Wochen nach der Ankunft des kleinen Windhund-Welpen wird sich Ihr Tagesrhythmus, der zunächst völlig durcheinandergeraten war, wieder eingependelt haben. Auch bei Ihnen überwiegt hoffentlich die Freude daran, wie Ihr Windhund sich Ihnen anschließt und in Ihre Familie hineinwächst.

Allein bleiben

Wie steht es mit dem Alleinlassen? Alleinlassen dürfen Sie den jungen Hund ohnehin in den ersten Lebensmonaten nur kurzfristig. Ein Welpe hat einen natürlichen, angeborenen Folgetrieb; er hält sich immer dicht bei den Seinen auf. Alleinsein kommt da nicht vor und löst eine Urangst bei ihm aus. Zu viel, das sind im Alter bis zum dritten Lebensmonat bereits einige Minuten. Bis zum Alter von einem halben Jahr sollten Herrchen oder Frauchen nicht länger als höchstens eine Stunde abwesend sein. Nehmen Sie den Welpen mit, wenn es irgend geht, oder bleiben Sie zu Hause.

Und wenn er nun wirklich einmal allein bleiben muss? Für diesen Fall lassen Sie ihn an einem Ort, wo am wenigsten Schaden entstehen kann, zum Beispiel Flur, Küche oder Bad. Üben Sie es, ihn dort kurze Zeit allein hinzusetzen, und versorgen Sie ihn mit Spiel- und Kauzeug zur Beschäftigung. Das Alleinbleiben wird am besten überstanden, wenn der Hund sich vorher müde gelaufen hat und sein Schlafbedürfnis eintritt.

Hundebox

Sollte während der Abwesenheit von Herrchen und Frauchen beständig Chaos in der Wohnung entstehen, könnte als „Ultima Ratio" eine Hundebox (Zimmerkennel) ins Auge gefasst werden. Man gewöhnt seinen jungen Hund daran, diese als Schlafplatz anzunehmen und auch bei geschlossener Tür eine Zeit lang darin zu verbringen. Eine weiche Auspolsterung und das Auffinden

von Leckerchen oder Spielzeug darin werden ihm „seine Höhle" akzeptabel machen, wenn es gut klappt.

Den erwachsenen Hund kann man an mehrstündiges Alleinbleiben gewöhnen, was aber einen halben Tag nicht überschreiten sollte. Am leichtesten fällt es den geselligen Windhunden, diese Zeit zu überstehen, wenn sie mindestens zu zweit sind.

Stubenreinheit

Einer der wichtigsten Punkte ist es, dass Ihr neu erworbenes Hundekind stubenrein wird. Das gelingt relativ leicht, wenn der Hund aus einem Zwinger mit Freiauslauf stammt. Er ist dann bereits gewöhnt, seine Bedürfnisse im Freien zu verrichten. Sie müssen ihn nur rechtzeitig nach draußen bringen, und er muss wissen, durch welche Tür er schnell hinausgelangt. In den ersten Tagen wird der junge Welpe während seiner Wach- und Spielphasen mindestens jede Stunde hinausgebracht, eventuell auch öfter. Vor allem aber nach jedem Aufwachen und nach dem Fressen hat der Welpe unweigerlich den Drang, sich zu lösen. Am unruhigen Hin-und-her-Laufen und Schnuppern am Boden werden Sie bald erkennen, dass es so weit ist.

Man bleibt unbedingt so lange bei dem Welpen im Freien, bis er sein Geschäft verrichtet hat (manche Tierchen sind draußen so abgelenkt, dass sie alles vergessen, oder es ist so kalt, dass sie verhalten und sich erst drinnen im Warmen lösen). Günstig ist es, das Ganze gleich zu Anfang auch mit angelegter Leine zu üben, denn manche Besitzer

Der Welpe hat viel zu lernen. Die Freude am Welpen lässt alle Mühe der Aufzucht in den Hintergrund treten.

Was ein großer stolzer Afghane werden will, jagt als Erstes einmal sein Plüschtier.

berichten, dass ihr Hund sich später schwertut, sein Geschäft an der Leine außerhalb des eigenen Grundstücks zu verrichten.

Hat er alles nach Wunsch erledigt, wird der Welpe tüchtig gelobt und gestreichelt. Sind Sie in den ersten Tagen absolut wachsam und konsequent, wird Ihr Hund schnell erfassen, worauf es ankommt. Allmählich kann der Abstand zwischen den Ausgängen erweitert werden, und nach einiger Zeit macht sich der Welpe bemerkbar, wenn er nach draußen muss.

Besser vermeiden

Ungünstig für ein erfolgreiches Sauberkeitstraining sind weiträumige Wohnverhältnisse. Hier kann es einem Welpen schnell gelingen, unbemerkt in einer hinteren Ecke vorbeizuspazieren und dort ungesehen sein Geschäft zu verrichten. Sollte er das ein paar Mal erfolgreich praktiziert haben, kommt die Gewöhnung. Von daher ist es günstiger, den Welpen anfänglich in einem begrenzten, gut überschaubaren Raum zu halten.

Sollte es einmal in der Wohnung passiert sein, säubern Sie die Stelle mit Wasser und Seifenlauge. Ein anschließendes Übersprühen mit geruchsbindendem Spray wird den Hund davon abhalten, später die gleiche Stelle aufzusuchen. Ertappen Sie ihn auf frischer Tat, zeigen Sie ihm durch ein scharfes „Pfui!", dass das nicht gut war. Finden Sie seine Hinterlassenschaft erst später, beseitigen Sie sie ohne Aufhebens, denn wenn kein unmittelbarer Zusammenhang zur Tat besteht, kann der Hund Ihren Ärger nicht mehr einordnen.

Bedenken Sie immer: Je mehr Zeit und Sorgfalt Sie in der ersten Zeit für den Welpen und sein Sauberkeitstraining aufwenden, desto eher ist es geschafft. Normalerweise reichen zwei bis drei Wochen aus. Wenn Sie ihn allein lassen oder nicht konsequent aufpassen, kann er nicht sauber werden. Das künftige Verhalten des Welpen ist das Resultat der Bemühungen seines Besitzers.

Auswahl und Erwerb eines Windhundes

Die Ernährung

Unzweifelhaft ist die richtige Ernährung eine der wichtigsten Voraussetzungen für das Gedeihen und die Gesundheit unserer Windhunde. Mit der richtigen Fütterung legen wir im ersten Lebensjahr die Grundlagen für ein gesundes Wachstum und eine artgemäße Entwicklung.

Wir wollen einen Windhund heranziehen, der über ein stabiles Skelett und solide Substanz verfügt. Im Ganzen soll er trocken und schlank sein, dabei muskulös an den richtigen Stellen. Deshalb gilt es sowohl ein Zuwenig als erst recht ein Zuviel des Guten zu vermeiden. Mit der richtigen Fütterung sorgen wir auch für Leistungsfähigkeit des Windhundes beim Rennen. Sie macht ihn widerstandsfähig gegen Krankheiten. Er bezieht daraus nicht zuletzt seine Frische bis ins Alter.

Grundkenntnisse

Um unseren Windhund richtig zu versorgen, sollten wir uns mit den Grundkenntnissen der Hundeernährung vertraut machen. Hunde sind Laufraubtiere und verfügen über einen entsprechenden Verdauungsapparat: kräftige Zähne und Kieferknochen mit starker Muskulatur, sehr starke Verdauungssäfte, relativ kurzer Darm.

Die Ernährungsgrundlage ist Fleisch. Wenn wir uns an der natürlichen Ernährungsweise der hundeartigen Ahnen in Freiheit orientieren, stellen wir fest, dass sie ihre Beutetiere im Ganzen auffressen, mit Haut und Haar, mit Innereien und Gedärmen, ja mitsamt den verwertbaren Knochen. Die Organe sind noch bluthaltig, im Magen und in den Gedärmen der Beutetiere befinden sich pflanzliche Nahrungsreste. Auf eine Mahlzeit folgt immer eine ausgedehnte Ruhepause, denn beileibe nicht jeden Tag wird Beute gemacht. Der domestizierte Hund hat sich der menschlichen Ernährungsweise angepasst. Doch ist es nach wie vor wichtig, dass der größte Teile seiner Nahrung tierischen und ein kleinerer Teil pflanzlichen Ursprungs ist. Eine ausgewogene Ernährung beinhaltet Eiweiß, Fett, Kohlehydrate, Vitamine und Mineralstoffe.

BARFen

Die alte von der Natur vorgegebene Art der Ernährung gewinnt heute wieder Aktualität und neue Anhänger unter dem Namen BARF (Biologische Artgerechte Roh-Fütterung). Das bedeutet in großen Zügen rohes Fleisch, Reis/Hirse gekocht, rohe Knochen, dazu Gemüse und Obst sowie sonstige natürliche Zusätze. Zu diesem Thema findet man ausreichende Informationen in neuerer Fachliteratur und im Internet. Mancher Hundehalter fühlt sich besser abgesichert, wenn er das Fleisch kocht. Auch das ist möglich, aber nicht wirklich nötig, es sei denn, bei einem Hund muss der Verdauungsapparat geschont werden. In jedem Fall muss man sich bei den selbst zubereiteten Mahlzeiten von vornherein gut kundig machen, damit man die richtige Zusammensetzung wählt.

Im frühen Alter gibt es spezielles Welpenfutter mit hohem Proteinanteil. Im neuen Zuhause kann der Appetit etwas zurückgehen, weil der Fressanreiz durch die Geschwister fehlt.

Trockenfutter

Wer sich für Fertigfutter entscheidet, ist von allen Bemühungen um die richtige Zusammensetzung der Hundenahrung entbunden. Das Angebot an industriell hergestellter Vollnahrung auf Trockenfutterbasis verspricht jeden Bedarf abzudecken. Es gibt Welpenfutter, Futter für heranwachsende Hunde, Futter für den Erhaltungsbedarf erwachsener Hunde, Futter für Leistungshunde und kalorienreduziertes Seniorfutter. Daneben kann ausgewählt werden nach kleinen, mittleren und großen Rassen. Erweiterte Möglichkeiten bestehen in speziellen Diätfuttermitteln für Hunde mit Allergien oder Problemen der Nieren, Leber o. Ä. Der Hundehalter hat nur noch die Qual der Wahl unter der Vielzahl der angebotenen Futtermarken. Bedenkenswert ist in diesem Zusammenhang vielleicht der Gesichtspunkt, dass die Inhaltsstoffe der meisten Fertigprodukte im industriellen Verarbeitungsprozess stark verändert wurden.

Hier wiederum gibt es Produkte, die eine größere Naturnähe garantieren, zum Beispiel durch schonendes Herstellungsverfahren (Kaltpressung statt Ultrahocherhitzung), Verzicht auf Konservierungsstoffe u. Ä., was sich natürlich auch im Preis niederschlägt.

Dosenfutter

Eine Alternative ist die Ernährung aus der Dose, wobei der Hund die nötige Feuchtigkeit gleich mit aufnimmt und diese nicht, wie beim Trockenfutter, separat bereitge-

Die Welpen dieses Azawakh-Wurfes sind gemeinsam um eine große Futterschüssel versammelt. Jetzt muss man kontrollieren, dass kein Ungleichgewicht zwischen Schnell- und Langsamfressern entsteht.

stellt werden muss. Auch hier lohnt sich ein genaues Studium der Inhaltsangaben, wenn man zum Beispiel wirkliches Fleisch im Futternapf haben möchte anstelle von fleischig aussehenden Stücken anderer Beschaffenheit. Höherpreisige Produkte lassen eine höhere Qualität erwarten. Beim Futter zu sparen, ist jedoch in keinem Fall eine gute Lösung.

Unbedingt beachten!

Selbstverständlich können auch verschiedene Futterarten abwechselnd gefüttert werden. Einige Punkte müssen bei allen Fütterungsmethoden beachtet werden:

- Dringend zu vermeiden sind: rohes Schweinefleisch (eventuell Träger der beim Hund tödlichen Aujeszkyschen Krankheit), Geflügelröhrenknochen, Schweine- und harte Rinderknochen, Rosinen, Schokolade, größere Portionen rohen Knoblauchs und beim Hühnerei das Eiweiß.
- Für das Wachstum ist wichtig, dass ausreichend, aber nicht zu hochwertig und zu üppig gefüttert wird. Während die früher gefürchtete Rachitis im Zeitalter der Fertigfuttermittel nahezu ausgestorben ist, gilt es heute eher ein Zuviel an Protein und an wohlgemeinten Vitamin-Mineral-Zusätzen zu vermeiden.
- Junge Hunde sollen nicht zu schnell in die Höhe schießen und dabei gar noch ein zu hohes Gewicht erreichen, sonst kann der Aufbau des Knochenskeletts, der Sehnen, Bänder und Gelenke nicht mithalten. Das betrifft in besonderem Maß die Welpen der großwüchsigen Rassen. Achten Sie daher speziell bei diesen auf ein moderates und gleichmäßiges Wachstum.

Fütterungszeiten

Während der junge Welpe anfangs vier Mahlzeiten täglich erhält, kann man ab einem Alter von vier Monaten auf dreimaliges Füttern übergehen. Nach sieben Monaten kann auf zwei Mahlzeiten reduziert werden. Für große Rassen wie Irish Wolfhound, Deerhound und Barsoi wird vielfach empfohlen, dreimal täglich zu füttern, um der Gefahr einer Magendrehung vorzubeugen. Gefüttert wird immer erst nach dem Auslauf. Danach ist Ruhepause. In Angleichung an die Bedingungen in der Natur kann ein Junghund durchaus einen halben und ein erwachsener Hund einen Tag in der Woche fasten.

Die Ernährung

Die Pflege

Beim Windhund kommt es ganz besonders auf die optimale Heranbildung seines Laufwerks, also seiner Beine und Füße, seiner Gelenke und Bänder an. Besonders die glatthaarigen Windhundrassen lassen dort auf den ersten Blick den Stand ihrer körperlichen Entwicklung, ihre Vorzüge, aber auch eventuelle Fehler erkennen. In relativ kurzer Zeit wachsen die großen Rassen vom winzigen Neugeborenen zum hochbeinigen, fertigen Tier heran. Ihrem Wachstum sollte daher ganz besondere Aufmerksamkeit und Sorgfalt gewidmet werden.

Ein Windhund ist dann korrekt gebaut und gestellt, wenn seine Beine parallel nebeneinanderstehen. Die Gelenke sollen genügend Festigkeit aufweisen, das heißt, sie sollen weder nach innen einknicken noch sich nach außen durchbiegen. Beim Laufen sollte sich kein Schlenkern oder Ausdrehen zeigen.

Welpen und Junghunde

Achten Sie daher während des Wachstums besonders auf die Beinstellung Ihres Hundes. Stellen Sie weiche Knochen oder abnorme Gelenkverdickungen fest, kann dies ein Zeichen für einen gestörten Mineralstoffhaushalt sein. Befragen Sie in einem solchen Fall rechtzeitig den Tierarzt, oder stellen Sie Ihren Hund dem erfahrenen Züchter vor, der die Wachstumsabläufe seiner Hunde kennt und Abweichungen festzustellen vermag.

Der Welpe ist auf die liebevolle und kundige Betreuung durch seinen Besitzer angewiesen. Durch angemessenes Futter und gezielte Bewegung kann dieser selbst dazu beitragen, dass sich sein Hund korrekt entwickelt.

Davon abgesehen sind leichte Verdickungen an den Gelenken während des Wachstums bei den hochbeinigen Windhunden normal, zudem an den Rippen. Sie verschwinden, wenn der Hund ganz erwachsen ist.

Wachstum

Auch kann es vorkommen, dass Ihr Welpe „unterschiedlich" wächst. So erscheint er einmal hinten höher als vorn, oder er kommt Ihnen plötzlich ungewöhnlich lang vor, bis die Proportionen wieder miteinander harmonieren. Mit ca. vier Monaten kommt der Junghund in den Zahnwechsel, der bei den Schneidezähnen beginnt und sich über ca. zwei Monate hinzieht. Seine endgültige Höhe hat der Junghund mit ca. neun Monaten erreicht, und mit Ablauf des ersten Lebensjahres ist gewöhnlich das Größenwachstum abgeschlossen. Im Laufe des zweiten Jahres vervollkommnet sich das äußere Erscheinungsbild des Hundes, er bekommt Substanz und ausgereifte Formen. Das zieht sich bei manchen der spät reifenden Windhundrassen auch noch über das dritte Lebensjahr hin. Wenn Sie die korrekte Entwicklung Ihres Welpen unterstützen wollen, sollten Sie ihm ausreichend Gelegenheit zu freier Bewegung geben. Er soll sich möglichst nach eigener Lust und Laune ausspringen können, solange er mag. Einseitige Bewegung in immer gleicher Gangart dagegen ist nicht optimal. Man wird den Welpen nicht mit vollem Magen auf längere Spaziergänge mitnehmen. Nach der Fütterung soll der Hund die Möglichkeit zur Ruhe bekommen, die er auch wahrnehmen wird, meist nachdem er noch eine Phase fröhlicher Bewegung aus eigenem Antrieb hinter sich hat.

Die Pflege

Diese beiden vielversprechenden jugendlichen Afghanen haben noch ein relativ kurzes Haarkleid. Nach Abschluss des Wachstums wird ihre Haarpracht durch Bürsten und Waschen optimal zur Geltung kommen.

Nicht überfordern

Keineswegs sollte der Welpe in seiner Jugend körperlich stark beansprucht werden. Man mutet ihm also keine langen Märsche zu und lässt ihn auch nicht Strecken neben dem Fahrrad herlaufen. Genauso wenig ermuntert man ihn zu körperlichen Hochleistungen auf der Rennbahn, auch nicht, wenn er von seiner Größe her einem erwachsenen Windhund schon ähnlich sieht. Kleine Übungen am Fahrrad und erste Bekanntschaften mit dem Betrieb auf der Rennbahn dienen nur dem Kennenlernen und der Gewöhnung für später.

Besonders heikel, was Fütterung und Bewegung im Wachstum angeht, sind die Welpen der großwüchsigen Rassen wie Wolfhound, Deerhound und Barsoi. Hier kann ein Zuviel verheerende Folgen haben, denn ein Wachstum von ca. 9 cm pro Monat bringt auch eine erhöhte Verletzbarkeit in dieser Zeit mit sich. Die Besitzer dieser Rassen sollten sich strikt an die Empfehlungen ihrer Züchter halten, die diese ihnen hinsichtlich der Bewegung ihrer Welpen mit auf den Weg gegeben haben. Lassen Sie es auch nicht zu, dass ein großer Hund, der ihm überlegen ist, den kleinen Welpen hetzt. In solchem Spiel,

dem er kräftemäßig und von seiner Geschicklichkeit her nicht gewachsen ist, würde der Welpe leicht überfordert.

Zum vernünftigen Umgang mit dem Welpen gehört auch, dass man ihn immer mit zwei Händen hochhebt, indem man ihn unter Brust und Hinterteil hält.

Wohnen Sie in den oberen Stockwerken, muten Sie ihm anfangs nicht zu, die Treppen mehrmals täglich selbst zu bewältigen. Es ist besser, Sie tragen ihn hinunter, solange er noch so klein und leicht ist, als seine weichen Gelenke dem ständigen Stauchen auszusetzen.

Körperpflege

Die Pflege des Haarkleids richtet sich nach der Haarstruktur. Bei kurzhaarigen Rassen ist sie minimal. Das Abreiben mit einem feuchten Fensterleder reicht in der Regel aus. Zu Zeiten des Haarwechsels kann man einen Noppenhandschuh verwenden. Manche kurzhaarigen Windhundrassen besorgen ihre Körperpflege durch tägliches Lecken und Säubern selbst. Der Sloughi beispielsweise putzt sich in „Katzenmanier". Windhunde mit halblangem oder rauem Haar sind auch nicht anspruchsvoll in der Pflege. Diese ist mit regelmäßigem Bürsten erfüllt.

Die Fellpflege eines langhaarigen Windhundes macht mehr Mühe und braucht Zeit und Geduld. Besonders der voll behaarte Afghane kommt ohne regelmäßiges, gewissenhaftes Bürsten nicht aus.

Ein- bis zweimal im Jahr kann der Hund auch mit warmem Wasser und einem alkalifreien Hundeshampoo (das den natürlichen Schutzfilm der Haut nicht zerstört) gebadet werden, wenn man das für nötig hält. Grundsätzlich sind aber Bäder bei den kurzhaarigen Windhunden kaum erforderlich. Für Afghanen in gepflegter Wohnung ist es allerdings meist unerlässlich, sie nach Ausgängen bei schlechtem Wetter abzuduschen – zumindest die Unterseite. Auch der Besuch von Ausstellungen ist für die Afghanen mit einem vorherigen Bad verbunden.

Sorgfältige Pflege der Augen und Ohren kann jeder Hundebesitzer selbst sehr gut ohne tierärztliche Hilfe vornehmen.

Besonders Junghunde spielen gern mit Holzstücken und tragen diese umher. Vorsicht ist bei splitternden Holzstücken geboten, damit es nicht zu Verletzungen im Maulbereich kommt.

Augen und Ohren

Augen und Ohren Ihres Hundes sollten Sie regelmäßig kontrollieren. Eine Bindehautentzündung behandelt der Tierarzt.

Das gesunde Ohr ist gewöhnlich sauber. Eine Entzündung des Innenohrs ist an braunem Sekret im Gehörgang zu erkennen und daran, dass der Hund mit den Ohren schlackert oder diese kratzt. Vielfach tritt der Ohrenzwang in Verbindung mit dem Zahnwechsel des jungen Hundes auf. Auch hier konsultiert man den Tierarzt.

Zähne

Die Gesunderhaltung des Körpers ist nicht zuletzt von einem gesunden und kaufähigen Gebiss abhängig. Der Wegbereiter vieler Zahnerkrankungen ist der Zahnstein. Durch Zufütterung von Kalbsknochen oder hartem Hundekuchen kann für eine mechanische Selbstreinigung gesorgt werden. Im Zoofachhandel erhält man Zahnreinigungspasten und Zahnbürsten für eine mühelose Reinigung des Gebisses. Ist der Belag zu dick, wird er vom Tierarzt entfernt.

Krallen

Gegebenenfalls müssen die Krallen geschnitten werden, wenn sie sich beim Laufen auf natürlich weichem Boden nicht genügend abnutzen. Zu lange Krallen sind hinderlich beim Gehen und beim Rennen.

Gewöhnen Sie Ihren Hund daran, dass er sich von Ihnen untersuchen und pflegen lässt. Von Anfang an damit vertraut, werden auch später einmal nötig werdende Behandlungen kein Anlass für unnötigen Widerstand sein.

Gesundheitspflege

Zur Gesundheitspflege Ihres Windhundes gehören die regelmäßigen Schutzimpfungen. Wenn Sie Ihren Welpen bekommen, hat er bereits die erste Kombinationsimpfung gegen Staupe, Hepatitis, Parvovirose und

Leptospirose erhalten, die von Ihnen mit einem Abstand von vier Wochen zu wiederholen ist. Vielfach wird dann bereits gegen Tollwut mitgeimpft. Spätestens in dem Moment jedoch, wo der Hund auf Auslandsreise, zur Ausstellung oder zum Rennen geht, ist die Tollwutimpfung Pflicht. Offiziell empfohlen wurden bisher die jährlichen Wiederholungen der Impfung. Es darf sich aber erkundigt werden, ob bestimmte Impfstoffe auch länger wirksam sind. So sind beispielsweise bei Tollwut neue Impfempfehlungen herausgegeben worden.

Generell sollen nur gesunde Hunde geimpft werden, die auch frei von Würmern sind. Welpen sollten mehrfach nach Plan entwurmt werden, da bei ihnen Endoparasiten immer vorausgesetzt werden können. Um die Hunde später nicht mit eventuell unnötigen Wurmkuren zu belasten, kann man routinemäßig oder bei einem Verdacht mikroskopische Kotuntersuchungen durch den Tierarzt vornehmen lassen. Nach dem Resultat richtet sich dann das weitere Vorgehen.

Weitere Erkrankungen

Neben Impfungen und Entwurmungen gibt es weitere Anlässe für den Besuch beim Tierarzt, mit denen man konfrontiert werden kann: Bei Magenkatarrh und Durchfall ist zuerst die Ruhigstellung des Verdauungsapparats durch Fasten angezeigt. Später wird mit Schonkost langsam wiederaufgebaut. Hartnäckiger Durchfall und blutiger Durchfall in Verbindung mit Erbrechen gehören in die Behandlung des Tierarztes. Bei einem Hervorwürgen von abgefressenen Grashalmen brauchen Sie sich nicht zu beunruhigen. Der Verdauungstrakt des Hundes ist darauf eingerichtet, sich selbst zu reinigen.

Auch zur Versorgung von großen Wunden wenden wir uns rasch an den Tierarzt. Besonders bei den glatthaarigen Rassen ist es wichtig, Risse im Fell unverzüglich nähen zu lassen, um hässliche Narben zu vermeiden. Kleine Wunden heilen vielfach von selbst. Wichtig ist, dass Sie für Ihren Windhund einen auf die Kleintierbehandlung spezialisierten Tierarzt wählen, der möglichst auch bereits Windhunderfahrung hat:

Auch die Windhunde, die aus einer warmen Klimazone stammen, kommen mit winterlichem Wetter gut zurecht, wenn sie in Bewegung bleiben. Der Schnee ist dabei so beliebt wie der Sand ihrer fernen Heimat.

- Windhunde reagieren oft wesentlich sensibler auf manche Therapie als andere Hunderassen.
- Windhunde besitzen eine spezielle Anatomie. Einige innere Organe, insbesondere Herz und Lunge sowie die Brusthöhle, weisen andere Verhältnisse auf als die anderer Rassen.
- Rennverletzungen gehören unbedingt in die sorgfältige Behandlung eines Spezialisten.
- Unbedingt beachtet werden muss, dass eine Narkose nie so stark dosiert werden darf wie bei anderen Hunderassen.

Hauterkrankungen

Als Ursache für Ekzeme und weitere auffällige Erscheinungen auf der Haut kann vieles infrage kommen: Milben, Pilze, allergische Reaktionen auf Pollen oder bestimmte Pflanzen oder auf ausgebrachte Pestizide in der Natur. Vielfach sind auch innere Ursachen für Hauterkrankungen verantwortlich, wobei man über allergieauslösende Komponenten im Futter nachdenken kann. Auch für den Tierarzt ist es nicht einfach, die richtige Diagnose zu stellen.

Überhaupt hängen viele Krankheitserscheinungen mit der Ernährung zusammen (nicht anders als beim Menschen). Auch die Abnahme der Fruchtbarkeit wird in Zusammenhang mit dem industriell stark veränderten Futter diskutiert. Bei Kauartikeln

Bei Reisen in südliche Länder, besonders im Bereich des Mittelmeerraums, ist Prophylaxe gegen Parasitenkrankheiten wie Leishmaniose und Herzwurmbefall wichtig.

(Kauspielzeug) würde es sich lohnen, darauf zu achten, dass sie nicht giftbelastet sind.

Mit der Zeit werden Sie Ihren Hund so gut kennen, dass Ihnen Abweichungen vom Normalzustand als krankheitsverdächtig auffallen. Symptome für eine Krankheit können sein: Trägheit, Appetitlosigkeit, trübe Augen, laufende Nase und nasse Augen, Husten, Durchfall, Krämpfe, Fieber über 39 Grad usw.

Parasiten

Ungebetene Gäste, die auch der gut gepflegte Hund schon einmal mit nach Hause bringen kann, sind Zecken und Flöhe. Erstere entfernt man, wenn sie schon festsitzen, durch vorsichtiges Drehen oder Ziehen mit einer Zeckenzange, und zwar möglichst lebend.

Schon die hiesige Zecke (Holzbock) kann durch die mögliche Übertragung von Borrelien und Viren schwerwiegende Infektionskrankheiten auslösen. Zwei neue Zeckenarten, ursprünglich in tropischem Klima beheimatet, sind auf dem Vormarsch und können weitere lebensbedrohliche Krankheiten übertragen.

Bei starkem Auftreten von solchen potenziell gefährlichen Parasiten im eigenen Wohngebiet hat man die Möglichkeit, zur vorbeugenden Abwehr ein Spot-on-Präparat (zum Aufträufeln auf die Haut) zu verwenden. Auf die Reise in südliche Länder sollte man sich mit seinem Hund nicht ohne entsprechende Prophylaxe begeben. Der Tierarzt wird Sie beraten, mit welchen Mitteln Ihr Hund gegen Leishmaniose und Herzwurm geschützt werden kann, zwei lebensgefährliche Krankheiten, die durch Stechmücken übertragen werden. Informationen zur Prophylaxe aller Art liegen auch in den Tierarztpraxen in gedruckter Form aus.

Flöhe kann man bei vereinzeltem Auftreten leicht ablesen. Da sie Zwischenwirt für den Kürbiskernbandwurm sein können, sollte man bei seinem Hund auf mögliche Folgeerscheinungen achten.

Die Pflege

ERZIEHUNG UND BESCHÄFTIGUNG

Was ein junger
Windhund lernen soll 180

Was kann ich mit meinem
Windhund anfangen? 196

Windhundsport 202

Die Ausstellung 214

Impressum

Umschlaggestaltung von eStudio Calamar unter Verwendung eines Farbfotos von Eckhard und Ingeborg Schritt (Umschlagvorderseite) und drei Farbfotos auf der Umschlagrückseite von Alice van Kempen und Andre v.d. Broek (links), Andreas Judefeind (Mitte) und Angelika Heydrich (rechts).
Die Umschlagfotos zeigen einen Sloughi (U1), zwei Barsois (U4 links), einen Whippet (U4 Mitte) und einen Afghanen (U4, rechts).

Mit 255 Farbfotos

Alle Angaben in diesem Buch erfolgen nach bestem Wissen und Gewissen. Sorgfalt bei der Umsetzung ist indes dennoch geboten. Der Verlag und die Autoren übernehmen keinerlei Haftung für Personen-, Sach- oder Vermögensschäden, die aus der Anwendung der vorgestellten Materialien und Methoden entstehen könnten.

Unser gesamtes lieferbares Programm und viele weitere Informationen zu unseren Büchern, Spielen, Experimentierkästen, DVDs, Autoren und Aktivitäten finden Sie unter **kosmos.de**

Gedruckt auf chlorfrei gebleichtem Papier

© 2012, Franckh-Kosmos Verlags-GmbH & Co. KG, Stuttgart.
Alle Rechte vorbehalten
ISBN 978-3-440-12217-4
Redaktion: Ute-Kristin Schmalfuß
Gestaltungskonzept: eStudio Calamar
Gestaltung und Satz: Atelier Krohmer
Produktion: Eva Schmidt
Printed in Germany / Imprimé en Allemagne

Bildnachweis

Mit 255 Farbfotos von Alder, Urs (S. 74); Appelmann, P. (S. 196 li.); Arnold, Ursula (S. 133 u., 169); Bieg, Hui-Tjhin (S. 28/29, 72, 152, 178/179); Bunyan, Marianne (S. 60 alle); Dalton (S. 69 o.); Demacker, Eduard u. Hannelore (S. 47, 64, 68, 206/207); Drewka, Tatjana (S. 6 u., 38, 231); Ebener, Dorothe/ Stefan Hartmann (S. 9, 63 li. + re.); Eichhammer, Barbara (S. 70 u., 73 o.); Engelbos, Mieke (S. 99, 101, 109 re. + li., 165, 172, 228); Eppenstein-Kiack Susan (S. 59 li.); Flohr, Silvia (S.106); Franz, Gerhard u. Marina (S. 91, 92 u., 93, 94); Friedrich, Prof. Dr. Peter (S. 53, 232/233); Gaede, Claudia/ Ebbrecht, Thomas (S. 4 u., 7, 35, 42/43, 45 o., 66 re. + li., 67, 69, 146/147, 151, 158, 159, 174 li, 177, 185, 190 o., 191 o.); Hanss, Gerhard (S. 4 o., 133 o., 134 u.); Heilmann, Erika (S. 149 o.); Heydrich, Angelika (S. 22 o. + u., 26, 41, 44 u. li. + re., 49, 57 o. + u., 58, 89, 102, 107 re. + li., 110, 111 re. + li., 117, 144, 164, 173, 198, 200, 209 unten, 213, 217 li); Hilkenbach, Christiane (S.143 u.); Hintzenberg-Freisleben, Dagmar (S. 25, 113, 114 o. + u., 115, 116, 118, 119 re. +li., 120 re. + li., 121 o., 158 re, 175, 176, 181 o. + u., 183, 197 u.); Hochgesand, Dr. Ulrich u. Annemarie (S. 36, 40 oben, 132, 142); Honkala, Elöisa (S. 62 u.); Johansen, Ira u. Joachim (S. 26, 84, 85, 86 re., 88, 89 u., 226, 227); Judefeind, Andreas (S. 145); Kleber, Gerd (S. 50, 203, 205 beide Bilder); Knauber, Olaf (S. 51, 55, 153, 196 re.); Knopf, Gesine (S. 32, 127 u.); Kopriva, Stefan (S.139); Kornstaedt, Brigitte (S. 229); Krause, Peter (S. 171 u.); Krieger, Karina (S. 61, 62 o., 65 o. + u.); Lammers, Claudia (S. 136 o.+u., 138, 174 re.); Lennartz, Ute (S. 12, 39, 121 u.); Mammen, Eric (S. 56, 59 re., 78 li., 83 li., 199, 201, 208, 212, 217 re.); Martin, Nadine (S. 186); Moosbrugger, Josephine (S.134 o.); Nickau, Matthias u. Anette (S. 75 re.), Petzold, Eva (S. 86 li.); Rediske-Akins, Katharina (S. 48 o., 54); Römer, Steffi (S. 104, 105, 108); Rösner, Jürgen (S. 224, 225); Sarrazin, Marisa (S. 27, 77, 78 re., 79 beide Bilder, 80, 81, 82, 83 re., 218); Schmidt, Bettina (S. 216); Schritt-Weuffen, Melanie (S. 187, 192/193, 197 o.); Schritt, Eckhard und Ingeborg (Umschlagseite vorn, S. 30, 99 o., 99 u. re., 123, 124 li, 125, 128 re+li, 129, 130 o., 143 o., 154, 155 u., 167, 188, 194, 195, 210, 215); Schritt, Romina (S. 126 o., 130u., 131, 140/141, 155 o., 156, 161, 182, 220/221, 223, 240); Schwerm-Hahne, Wilfriede (S. 87); Seibel, Astrid u. Torsten (S.190 u., 191 u.); Siegel, Marc (S.219); Sporer, Waltraud (S. 5 u., 71); Stuewer, Sabine (S. 2/3, 6 o., 10/11); Theiler, Markus (S. 40 u.); Thiel, Barbara (S. 33, 52, 150, 162); Thier-Rostaing, Christiane (S. 135, 137); Tobisch, Uwe u. Sybille (S. 75 li., 76); Taplick, Kathleen (S. 73 u., 149 u., 170, 171 o.); Undine, Guide (S. 46, 48 u., 70 o., 204, 209 o.); van Kempen, Alice/v.d.Broek, Andre (S. 5 o., 90, 96); van Klaveren, Karin (S. 168, S. 235, 238); Vetter, Dagmar (S. 184); Weuffen, Andreas (S. 124 r., 126 u.); Wohlgroth, Leslie (S. 148); Wöhrle-Simon, Dorothee (S. 45 u., 92 o., 95);

18 Schwarzweißillustrationen von Eva Hohrath (S. 231) und Ingeborg Schritt (S. 16, 17, 18, 19, 230).

Kirgisischer Windhund 26
Klassifizierung 23 ff.
Knochenbau 33
Kommen 189 f.
Körperbau 23
Körperpflege 173 f.
Körperteile 230
Krim-Windhunde 92
Kurdische Windhunde 26
Kurländische Windhunde 92

Lakonier 19
Laufbedürfnis 38, 148 ff.
Läufigkeit 156

Magyar Agar 70 ff.
- Anerkennung der Rasse 71 f.
- Aussehen 72
- Charakter 73
- Entstehung 70
- Rassekennzeichen 72
- Standard 71 f.
Massenzucht 51

Nachwuchskontrolle 137

Okzidentale Windhunde 23, 46 ff.
Open Coursing 50
Orientalische Windhunde 23, 98 ff.
Orientierungssinn 36
Östliche Windhunde 98 ff.

Pflege 170 ff.
Preise 158

Rampur-Windhunde 26
Rangordnung 188
Rassen, seltene 26
Rassestandard 215 f.
Rauhaar-Whippet 59
Regeln 145
Rennsport 33

Rennverletzungen 55
Rosenohren 23, 24, 58
Ruhephasen 162 f.

Saluki 16, 112 ff.
- Aussehen 119
- Befederung 119 f.
- Charakter 120
- deutsche Zucht 116
- Entstehung 112
- Farben 119 f.
- Geschichte 114 ff.
- Importe 115 ff.
- Reimport 118
- Verbreitung 112
- Wesen 120
Schottische Adelshunde 86 f.
Scotch Greyhound 84
Scottish Staghound 84
Sehsinn 34
Sinne 34 f.
Sloughi 16, 122 ff.
- Charakter 128
- Eigenschaften 129
- Entstehung der Rasse 125 f.
- Ernährung 128
- Exterieur 122
- Fähigkeiten 129
- Farben 124
- Frühe Rasseporträts 124 f.
- Größe 124
- Körperbau 122
- Traditionelle Haltung 128
- Wesen 128
- Zucht heute 131
- Zuchtentwicklung in Europa 130
Solojäger 38
Sozialkontakte 184
Spiel 182 f.
Sporting dogs 80
Sportjagd in Großbritannien 50
Stellung der Beine 230

Steppen-Afghanen 104 f.
Steppen-Windhund 26
Stubenreinheit 64, 164 f.

Tazi 112
Temperament 38 f.
Tesem 17
Tradition des Windhundes 31 f.
Turkmenischer Windhund 26

Überforderung 172
Umwelt kennenlernen 185
Unabhängigkeit 39

Verbreitung 15 ff.
Vereine 152
Vertragus 20, 70

Wesen 38 f.
Westliche Windhunde 46 ff.
Whippet 56 ff.
- Anerkennung der Rasse 57
- Aussehen 58
- Charakter 60
- Fähigkeiten 60
- Körperbau 58
- Rennen 56
- Zucht 59
Windhundgeschichte 13 ff.
Windhundhaltung 142 ff.
Windhundrassen 44 ff.
Windhundrennen 150, 204 ff.
Windhundsport 198 f., 202 ff.
Windhundstandard 27
Wohnungshaltung 142 ff.

Zahngesundheit 64
Zeitfaktor 142
Zucht 222 ff.
Zucht in Deutschland 26
Züchter 152 f., 225 ff.
Zuchtvoraussetzungen 226 ff.
Zuchtziel 46

Register

Abgabealter 159
Afghane 101 ff.
- Ausgangstypen 104
- Charakter 108 f.
- Entstehung der Rasse 102 f.
- Erscheinungsformen 104
- Farben 102
- Fellpflege 110
- Haarkleid 101 f., 108
- Pflege 110
- verschiedene Typen 105
- Wesen 101, 109
- Zucht 103 ff.
Afghanischer Windhund 26
Agility 150, 191
Aktivität 162 f.
Alleinbleiben 163
Anatomie 33
Anforderungen an den Besitzer 144 f.
Arabischer Windhund 126
Äußere Erscheinung 33 f.
Ausstellungen 200 f.
Ausstellungshunde 52
Auswahl des Hundes 151 ff.
Azawakh 132 ff.
- Anforderungen an den Besitzer 139
- Farben 134
- Körperbau 133
- Ursprünge 135
- Verbreitungsgebiet 134
- Wesen 138

BARFen 166
Barsoi 90 ff.
- Entstehung der Rasse 91 f.
- Farben 90 f.
- Geschichtliches 93 f.
- Merkmale 92
- Pflege 97
- Verwandtschaften 92
Berg-Afghanen 104 f.
Beschäftigung 196 f.

Chart Polski 74 ff.
- Aussehen 74
- Geschichte 75
- Haarkleid 74
- Rekonstruktion 76
- Rückgang der Rasse 76
- Charakter 76
Coursing 50, 104 ff.
Coursing-Typ 53

Deerhound 84 ff.
- Farben 84
- Fell 84
- Körperbau 84
- Niedergang der Rasse 87
- Standard 88
und Coursings 89

Eingewöhnung 160 f.
Erbgesundheit 76
Ernährung 166 ff.
Ersatzarbeit 38, 89
Erziehung 180 ff.

Falken und Salukis 100
Familienhund 40, 69, 97
Fürstliche Zarenhunde 92
Fütterung 166 ff.

Galgo Anglo-Español 68
Galgo Español 66 ff.
- in Deutschland 69
- Standard 67
- Verwendungszweck 67
- Wesen 69
Gazellenjagd 98 f.
Gebiss des Hundes 231
Gehör 34
Geschichte 13 ff.
Geschlecht 155
Gestalt 34
Gesundheitspflege 174 ff.
Greyhound 48 ff.
- Gesundheit 54
- Rennen in Deutschland 53
- Sperre 54
- Verbreitung 49
- Wesen 54

Haltung 142 ff.
Hängeohren 23, 25, 100
Hare Coursing 50, 89
Hetz- und Kampfhund 78
Hetzhund 13 ff., 36
Highland Greyhound 84
Hirschhund 84
Hundebox 163 f.

Irish Greyhound 77, 84
Irish Wolfhound 77 ff.
- Anerkennung des Standards 80
- Aussehen 77
- Charakter 83
- Gesundheit 83
- Gewicht 77
- Haare 78
- Haltung 82
- Körperbau 77
- Lebenserwartung 83
- Pflege 83
- Rückzüchtung 80
- Verwendung 78
- Welpenaufzucht 82
Italienisches Windspiel 61 ff.
- Charakter 64 f.
- Haltung 64
- Knochenbau 61
- Ursprünge 62
- Zucht 63
- Zuchtentwicklung 63

Jagdhunde 38
Jagdtrieb 36 f., 145 f.

Kastration 157
Kaubedürfnis 185
Kaukasus-Windhunde 92

Nützliche Adressen

Autoren:
Ingeborg und Eckhard E. Schritt
Jagdhaus am Pass
D-65510 Hünstetten-Bechtheim/Ts.
www.sloughi.de
Mail: eckhard.e.schritt@freenet.de

Deutscher Windhundzucht- und Rennverband e. V.
(DWZRV) gegründet 1892
Geschäftsstelle
Welpenvermittlung für alle Windhundrassen
Hildesheimer Straße 26
D-31185 Söhlde
Tel.: 05129-8919
Mail: dwzrv@dwzrv.com
www.dwzrv.com

Verband für das Deutsche Hundewesen e. V. (VDH)
Westfalendamm 174
D-44141 Dortmund
Mail: info@vdh.de
www.vdh.de

Österreichischer Kynologenverband (ÖKV)
Siegfried-Marcus-Str. 7
A-2362 Biedermannsdorf
Mail: office@oekv.at
www.oekv.at

Schweizerische Kynologische Gesellschaft (SKG)
Brunnmattstraße 24
CH-3007 Bern
Mail: info@skg.ch
www.skg.ch

Zum Weiterlesen

Bücher

DWZRV e.V.
Das große Windhunderbe
Kynos. Zuchtbuch-Jubiläumsausgabe (antiquarisch erhältlich).

Eichelberg, Helga:
Hundezucht. Kosmos, 2006

Feddersen-Petersen, Dorit:
Hundespychologie. Kosmos, 2004
Ausdrucksverhalten beim Hund
Kosmos, 2008

Führmann, Petra, Hoefs, Nicole und Iris Franzke:
Die Kosmos Welpenschule mit DVD
Kosmos, 2012

Führmann, Petra, Hoefs, Nicole und Iris Franzke:
Das große Kosmos Spielebuch für Hunde
Kosmos 2012

Gansloßer, Udo und Petra Krivy:
Verhaltensbiologie für Hundehalter
Kosmos, 2011

Handelman, Barbara:
Hundeverhalten. Mit über 800 ausdrucksstarken Fotos. Kosmos, 2010

Hoefs, Nicole und Petra Führmann:
Das Kosmos Erziehungsprogramm für Hunde
Buch (auch als DVD erhältlich). Kosmos, 2006

Lausberg, Frank:
Erste Hilfe für den Hund
Symptome erkennen, schnell handeln.
Kosmos, 2009

Quaritsch, Helmut:
Hundert Jahre Windhunde
Deutscher Windhundzucht- und Rennverband e. V.

Rauth-Widmann, Brigitte:
1 x 1 der Rohfütterung. Hunde artgerecht ernähren mit BARF. Kosmos, 2009

Schäfer, Sabine und Messika, Barbara:
B.A.R.F. Artgerechte Rohernährung für Hunde
Kynos, 2006

Wachtel, Hellmuth
Hundezucht 2000
Verlag Gollwitzer, 2007

Zeitschriften

Unsere Windhunde
Deutscher Windhundzucht- und Rennverband (DWZRV)
mtl. Erscheinen

Unser Rassehund
Verband für das deutsche Hundewesen (VDH)
mtl. Erscheinen

SERVICE

Zum Weiterlesen 234

Nützliche Adressen 235

Register 236

Das Gebiss des Hundes
von links nach rechts:

Oberkiefer:
3 Schneidezähne
(Incisivi = I 1–3), 1 Eck- oder Fangzahn
(Caninus = C), 4 vordere Backenzähne
(Prämolaren = P 1–4), 2 hintere
Backenzähne (Molaren = M 1–2).

Unterkiefer:
3 Schneidezähne
(I 1–3), 1 Eck- oder Fangzahn (C)
4 vordere Backenzähne (P 1–4)
4 Backenzähne (M1–3)

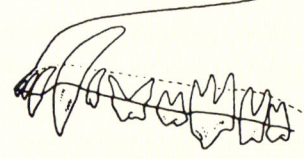

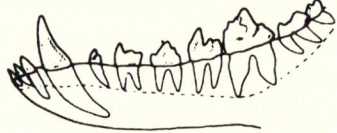

Gebissformen
a) *Scherengebiss:* Die Schneidezähne des Oberkiefers greifen dicht über die des Unterkiefers.
b) *Zangengebiss:* Die Schneidezähne von Ober- und Unterkiefer stehen aufeinander.
c) *Vorbiss:* Zuchtausschließender Fehler; die Schneidezähne des Unterkiefers stehen vor.
d) *Unterbiss:* Ebenfalls zuchtausschließender Fehler; die Schneidezähne des Unterkiefers stehen deutlich hinter denen des Oberkiefers („Rückbiss", Unterkieferverkürzung).

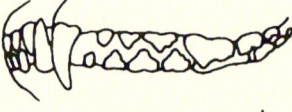

Die Körperteile des Windhundes am Beispiel eines Whippets:

1. Unterkiefer
2. Nasenkuppe
3. Nasenrücken
4. Stopp (Stirnabsatz)
5. Oberkopf
6. Hals
7. Nackenrand des Halses
8. Widerrist
9. Rist
10. Lenden- oder Nierenpartie
11. Rücken
12. Kruppe
13. Rutenansatz
14. Keule, Oberschenkelpartie
15. Unterschenkel
16. Hintermittelfuß
17. Hinterpfote
18. Sprunggelenk
19. Kniegelenk
20. Rute
21. Hüftgelenk
22. Unterbauch
23. Flanke
24. seitliche Brustwand
25. Unterbrust
26. Unterarm
27. Vordermittelfuß
28. Vorderpfote
29. Vorderfußwurzelgelenk
30. Ellbogengelenk
31. Oberarmgegend
32. Vorbrust
33. Schulter- oder Buggelenk
34. Schulter
35. Kehlrand des Halses

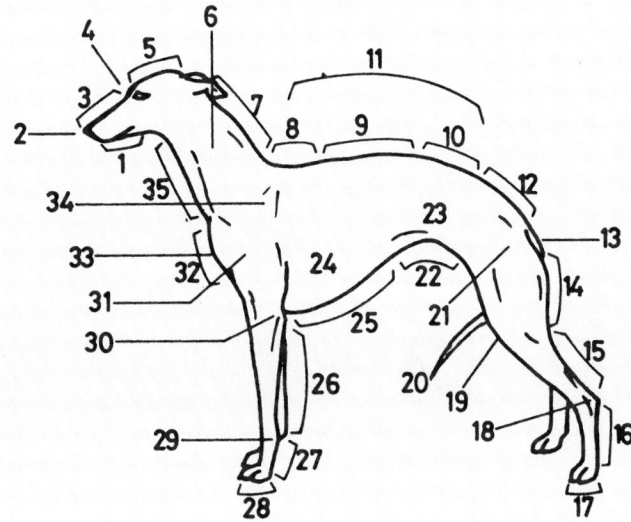

Die Stellung der Beine

Vorderläufe (oben):
a) korrekt, b) fassbeinig,
c) französischer Stand

Hinterläufe (unten):
a) korrekt, b) kuhhessig,
c) säbelbeinig.

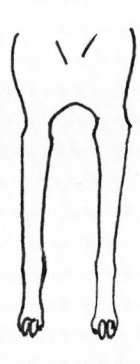 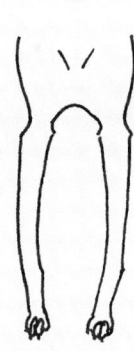 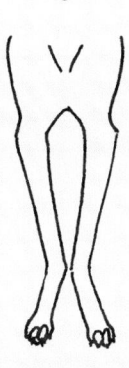

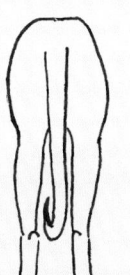  

Der Whippet-Wurf mit den sechs gleichförmig hübschen Welpen ist gut gelungen. Bald werden die ersten von ihnen die Geschwisterschar verlassen, um neuen Besitzern Freude zu machen.

Resümee

Windhundzucht an sich, wenn verantwortungsvoll betrieben, ist eine Liebhaberei. Ihre Erfolge können ideeller, in der Regel jedoch nicht materieller Art sein. Ehe der erste Welpe verkauft ist, hat der Züchter bereits ein kleines Kapital investiert – für Ausstellungen, um die Qualität seiner Hündin unter Beweis zu stellen, für die Decktaxe und die oft weite Reise zum Deckrüden, die hochwertige Fütterung von Hündin und Welpen, für Tierarztrechnungen, bei denen die Impfungen in manchen Fällen nur der kleinste Posten sind, Verkaufsanzeigen und Werbekosten sowie schließlich Gebühren für die Leistungen des Zuchtverbandes, der die Zucht kontrolliert und die Papiere ausstellt. Die kleinste Komplikation verteuert die Angelegenheit erheblich. Bei der Aufzucht zu sparen wäre unverantwortlich. Auch sollte man es sich leisten können, bei der Auswahl eines Käufers für einen Welpen kritisch sein zu können.

Sollte die Zucht nicht infrage kommen, wie bei den meisten Hundebesitzern, so ist es kein Nachteil für die einzelne Hündin, genauso wenig für den Rüden, wenn er nicht deckt. Die Neigung zu Scheinschwangerschaften bessert sich nicht durch die Mutterschaft, ebenso wenig wie dadurch etwaigen Erkrankungen vorgebeugt würde. Vielmehr werden beide, Rüde und Hündin, nicht vermissen, was sie nicht kennen.

Wenn die Welpen, die oft über Monate der aufopferungsvollen Pflege des Züchters anheimgestellt sind, sich schließlich erwartungsgemäß entwickeln und an geeignete neue Besitzer gegangen sind, so ist das meist der höchste Lohn. Der Züchter sollte auch nach der Abgabe der Welpen bereit sein, Ansprechpartner bei Fragen oder Problemen zu bleiben. Wenn er erlebt, dass die Hunde aus seiner Zucht ein gutes Zuhause gefunden haben und ihren neuen Besitzern Freude bereiten, dann hat sich die Mühe reichlich gelohnt.

Die Geburt ist glücklich überstanden. Die Afghanen-Mutter wird die Wurfkiste in den nächsten Tagen nicht verlassen. Die neugeborenen Welpen bilden erst in den kommenden Wochen ihre endgültige Fellfarbe aus.

Erste Schritte

Der formelle Weg in die Zucht führt in Deutschland über die Ankörung, die mit einer Gen-Bestimmung (DNA) verbunden ist. Des Weiteren müssen die Hündin sowie der Deckrüde im Vorfeld unter anderem bereits zweimal ausgestellt und entsprechend sehr gut bewertet worden sein. Die genauen Informationen über den Vorgang selbst und die weiteren Voraussetzungen sind aus den aktuell gültigen Zuchtbestimmungen der Verbände zu entnehmen. Kör- und Zuchtrichtlinien können von Zeit zu Zeit Änderungen erfahren, etwa dann, wenn das Tierschutzgesetz entsprechende Vorgaben erlässt oder wenn die Mitgliederversammlungen Modifikationen beschließen. Insgesamt sind rund um den Wurf eine Reihe von Formalitäten zu erfüllen, zum Beispiel rechtzeitige Beantragung eines Zwingernamens beim Zuchtverband, die Einrichtung und Abnahme der Zuchtstätte, zeitnahe Meldung des Deckaktes und der erfolgten Geburt, Durchführung des Impfprogramms und des Chippens aller Welpen, die Wurfbesichtigung und Wurfabnahme durch einen Zuchtwart, eventuell weitere Formalitäten bei Würfen, die größer sind als 8 Welpen, und schließlich die Beantragung der Ahnentafeln für den Wurf.

Der größte Lohn für einen Züchter ist es, wenn die Welpen sich erwartungsgemäß entwickeln und liebevolle neue Besitzer finden. Wünschenswert ist, dass der Kontakt zwischen Welpenkäufer und Züchter nie ganz abreißt.

Bei der Zuchtplanung darf und sollte der unerfahrene Züchter durchaus die Beratung durch erfahrene Personen seines Rassehundezuchtvereins in Anspruch nehmen.

In diesem Zusammenhang ist das Studium von Spezialliteratur über Genetik sowie die Vorgänge von Trächtigkeit, Geburt und Welpenaufzucht wärmstens zu empfehlen.

Praktische und formelle Zuchtvoraussetzungen

Wenn auch die richtige Wahl der Zuchttiere die erste Bedingung ist, so ist der zweite Punkt, nämlich die sachkundige Aufzucht der Jungtiere, mindestens ebenso wichtig für das Gelingen der Zucht. Nicht nur die Vererbung, auch die Prägung und die Umwelteinflüsse haben ja einen wichtigen Anteil an der Entwicklung der Welpen. Prüfen Sie realistisch Ihre Verhältnisse und Möglichkeiten. Wie sind Ihre Voraussetzungen räumlicher Art, zeitlich, materiell und bezüglich Ihrer Belastbarkeit? Haben Sie Platz, nicht nur eine Wurfkiste aufzustellen, sondern auch die junge Welpenschar ihren wachsenden Bedürfnissen gemäß unterzubringen? Dieser Platz muss trocken, beheizbar und gut zu reinigen sein und einen Ausgang ins Freie haben. Abgesehen davon muss er sich in Ihrer Nähe befinden, damit Sie jederzeit den Überblick haben. Der Züchter hat anfangs einen Einsatz rund um die Uhr mit Füttern der diversen Mahlzeiten und den nachfolgenden Putzarbeiten. Daneben brauchen die Welpen viel Kontakt und intensive Beschäftigung mit Ihnen. Sie sollten außerdem darauf vorbereitet sein, dass Junghunde erheblich länger bei Ihnen bleiben können, als Sie dachten, und dass einer, der verkauft war, vielleicht zurückkommt.

Nicht nur die Vererbung, sondern auch die Prägung und die Umwelteinflüsse haben einen wichtigen Anteil an der Entwicklung der Welpen. Die jungen Deerhounds lernen die freie Natur kennen.

Theoretische Zuchtvoraussetzungen

Der Gedanke an Zucht ist berechtigt, wenn man ein besonders typvolles Tier mit hohen äußeren und wesensmäßigen Qualitäten besitzt. Wenn es zudem gesund ist (d. h. auch frei von verdeckten Erbkrankheiten) und auch abstammungsmäßig einwandfrei, so spricht nichts dagegen, sich gedanklich mit einem passenden Zuchtpartner zu beschäftigen.

Der Züchter in spe sollte gute Kenntnisse „seiner" Rasse haben. Er muss nicht unbedingt schon Experte sein, aber er sollte doch wissen, was es mit dieser Rasse auf sich hat, woher sie kam, zu welchem Zweck sie gebraucht wurde und worauf es heute ankommt. Man sollte gute und bewährte Blutlinien und typische, gute Repräsentanten und Vererber der Rasse kennen. Im konkreten Fall sollen sich Rüde und Hündin in ihren Vorzügen ergänzen, und der eine soll die eventuellen Schwachpunkte des anderen ausgleichen können. Keinesfalls sollten beide die gleichen Fehler haben, denn die Welpen werden die Summe der Eigenschaften ihrer Eltern verkörpern. Auch die Erforschung der Verwandtschaft beider Tiere ist sehr aufschlussreich; bestimmte Fehler einer Linie brauchen sich zwar bei einem einzelnen Tier nicht zu zeigen, können aber bei dessen Nachkommen wieder auftreten.

Für den Hündinnenbesitzer ist die Partnerwahl von vorrangiger Bedeutung, da er für die Zuchtprodukte verantwortlich ist. Aber auch der Rüdenbesitzer sollte nur nach ähnlich verantwortungsvoller Überlegung sein Tier zum Decken zur Verfügung stellen. Sein Rüde wird in vielen Ahnentafeln aufgeführt werden, und nur durch gute Nachkommen wird ihm ein würdiges Denkmal gesetzt.

Der Züchter

Wer einmal einen Wurf hat, heißt nach kynologischem Sprachgebrauch bereits Züchter. Jedermann kann Hunde züchten, aber dauerhaft gute Exemplare einer Rasse hervorzubringen, ist keine so leichte Sache. Dass jemand mit seiner Hündin einmal einen Wurf machen möchte, ist ein verständlicher Wunsch. Oft steht der Gedanke im Vordergrund, ein Junges der eigenen Hündin zu bekommen bzw. einmal Junge aufzuziehen. Wer aber nach dem 3. Wurf noch dabei ist, der wird wahrscheinlich bereits ein erweitertes Motiv für seine Tätigkeit gefunden haben. Sein Blickpunkt richtet sich auf das, was der Rasse förderlich ist, was ihr im Moment und auf weitere Sicht gesehen nottut.

Züchten ist eine Kunst. Man braucht Talent dazu. Man muss fähig sein zu vergleichen. Man muss den Willen haben, sich an anderen zu schulen. Man braucht viel gesunden Menschenverstand. Man muss, was ganz wichtig ist, Objektivität besitzen und nicht vor lauter Liebe seinen eigenen Hunden und deren Fehlern gegenüber blind sein.

Hunderudel

Der langjährige Züchter hat in der Regel einen größeren Bestand an Hunden. Das sind dann nicht nur junge und attraktive Tiere in genau kalkulierter und begrenzter Zahl, so wie das ein Privatbesitzer für sich planen kann. Wenn ein Züchter mit Herz und Liebe dabei ist, verbringen bei ihm auch die alten Tiere ihren Lebensabend. Es gibt Tiere, die noch keinen Abnehmer fanden oder sich vielleicht auch nicht abgeben lassen, oder „Sozialfälle", die er aufgenommen hat, um ihnen Schlimmeres zu ersparen. Dann natürlich Tiere im besten Alter, mit denen er sich am Windhundsport und an Ausstellungen beteiligt. Daneben bleiben in der Regel auch immer wieder Lieblinge aus seinen Würfen bei ihm, die ihm besonders ans Herz gewachsen sind, und im Lauf der Jahre ist zwangsläufig eine Gruppe beisammen, die er sich am Beginn seiner Zucht nicht hätte träumen lassen.

Der langjährige Züchter lebt seine Liebe und Passion für die Rasse. Er hat eine hohe Verantwortung und weiß, dass er stets gebraucht wird und in der Pflicht steht, wobei Urlaub meist ein Fremdwort ist.

Eine langjährige Zucht basiert auf der Verbundenheit des Züchters mit seinen Hunden.

Bei der Zucht sollten immer ein umfangreiches kynologisches Wissen und Kenntnisse der Vererbungslehre vorhanden sein. Hier präsentieren sich vier vielversprechende Irish-Wolfhound-Babys.

Das ist ein Trend, der von Amerika und England kommend einzelne populäre Windhundrassen heute bereits in verschiedene Richtungen führt. Spezialisierung auf ein Hauptmerkmal kann leicht mit Einbußen bei der Gesundheit bzw. Robustheit bezahlt werden. In einer Rennlinie zum Beispiel ist – durch immer weitere Auslese auf Schnelligkeit – eine Zunahme der Verletzungsanfälligkeit zu befürchten. In einer reinen Showlinie könnte sich – durch Übersteigerung bestimmter äußerer Merkmale – eine Einbuße bei der Funktionalität und Leistungsfähigkeit bemerkbar machen.

Daher ist es durchaus das optimale Ziel für eine Zuchtstätte, auf Ausgewogenheit und Vielseitigkeit zu setzen. Das wird vom Deutschen Windhundzucht- und Rennverband e. V. als „Schönheit und Rennleistung" definiert und gefördert.

Verantwortung für Gesundheit und Wesen

In der modernen Zucht wird auch die Verantwortung für die Gesunderhaltung der Rassen, speziell die Vermeidung von Erbkrankheiten, immer wichtiger. Die Windhundrassen waren und sind von Natur aus gesunde und robuste Rassen. Durch die Einflüsse der modernen Zucht und das Jagen nach vordergründigen Erfolgen kann dieses Erbe auch aufs Spiel gesetzt werden. Alle Überlegungen und Planungen sollten daher von dem Blick auf die Gesundheit begleitet werden. In diesen Bereich gehört auch die Eigenschaft der Langlebigkeit. Ein gutes Wesen ist ebenfalls ein nicht zu unterschätzendes Kriterium für die Zucht. Sowohl scheue als auch aggressive Wesenszüge können an die Nachkommen vererbt werden und damit den künftigen Besitzern Probleme bringen.

Der langjährige Züchter lebt seine Liebe und Passion für die Rasse. Dazu gehören auch die älteren Hunde. Auf dem Bild sind vier Generationen Sloughis vertreten: Urgroßmutter, Großmutter, Mutter und Tochter.

Richtig züchten

Richtig züchten

Ohne Zucht kein Nachwuchs. Ohne gewissenhafte, sachverständige Zucht kein guter Nachwuchs. Ohne Nachwuchs keine Population. Zucht ist die Grundlage des Fortbestands der Rasse.

Rassen erwuchsen aus der Funktion, die die Hunde im Verlauf ihres Zusammenlebens mit Menschen innehatten. Bestimmte Fähigkeiten sollten gefestigt werden und sich bei den Nachkommen wiederholen. Die Funktion schlug sich auch im äußeren Erscheinungsbild nieder, und die Paarungen so gearteter Hunde führten auf die Dauer auch zur Übereinstimmung der äußeren Merkmale. Die gezielte Hundezucht modernen Charakters entwickelte sich ab Mitte des 19. Jahrhunderts und führte zur Entstehung vieler neuer Hunderassen. Die Eigenschaften einer Rasse sind in den Rassestandards festgeschrieben.

Die Vorgaben des Standards sind das Ideal, in dessen Rahmen sich der heutige Züchter bewegen soll. Die am Standard orientierte Zucht garantiert den Fortbestand der typischen äußeren und charakterlichen Merkmale der verschiedenen Rassen. Das mag nicht immer mathematisch berechenbar funktionieren. Aber die große Linie ist vorgegeben.

Auf Zuchtschauen und Rennen wird ein plastisches Bild vom Ideal der Rassen vermittelt. Die Bedeutung der Ausstellung für die Zucht wurde bereits im Kapitel „Ausstellung" betont. Aus einem repräsentativen Schnitt der gesammelten Beurteilungen seiner Zuchtprodukte kann der Züchter Aufschluss erhalten, ob er züchterisch auf dem richtigen Weg ist.

Erhalten und Verbessern der Rasse

Bei Windhunden gilt es ja nicht, die Entwicklung in neue Bahnen zu lenken, irgendetwas an der Rasse als solcher verbessern zu wollen, sondern das alte, bewährte Rassebild zu erhalten oder Fehlentwicklungen, die durch Modeströmungen entstanden sein könnten, wieder auszugleichen.

Etwas anders ist die Lage bei den rückgezüchteten Windhundrassen, Rassen, die zu einem bestimmten Zeitpunkt keinen nennenswerten Bestand mehr aufwiesen und deren historisches Erscheinungsbild wiederhergestellt werden soll. Hier wird es darum gehen, einen einheitlichen Phänotyp zu erreichen in Verbindung mit einer maximalen Übereinstimmung mit dem Standard.

Verbindung von Schönheit und Leistung

Über alle übergeordneten Gesichtspunkte hinaus wird in der Zucht meist ein bestimmtes individuelles Ziel verfolgt. Man möchte von den eigenen Hunden ausgehend das eine oder andere verbessern bzw. vorzügliche Merkmale festigen. Dabei gibt es Zuchtstätten, die in erster Linie „auf Schönheit" züchten, andere züchten „auf Renneigenschaften und Schnelligkeit". Idealerweise sollte eine Zucht beide Gesichtspunkte berücksichtigen und nicht durch Einseitigkeit dazu beitragen, dass eine Rasse sich in zwei Extreme spaltet.

DIE ZUCHT

- Richtig züchten 222
- Der Züchter 225

Am Schluss des Wettbewerbs im Ausstellungsring steht der Sieger seiner Klasse fest. Die kleine Gratulantin auf dem Bild bringt ihre Freude über den Erfolg des Familienhundes zum Ausdruck.

richtigen Tempo (fließender Trab) führen und ihn nicht behindern wollen.

Konzentrieren Sie sich während des Vorführens im Ring ganz auf Ihren Hund, besonders dann, wenn der Richter herschaut. Sprechen Sie dem Hund aufmunternd zu, und erhalten Sie sich seine Aufmerksamkeit durch kleine Zeichen oder gegebenenfalls durch ein Stückchen Lieblingsfutter, falls er zu jenen gehört, die darauf ansprechen. In der Hocke haben Sie die bessere Perspektive, um die Haltung Ihres Hundes zu überprüfen. Jeder Hund hat irgendwelche Vorzüge. Diese sollten Sie kennen und durch geschicktes Vorführen besonders in den Vordergrund rücken.

Geduld haben

Die Übung macht auch hier den Meister. In der Jugendklasse haben Sie noch Zeit zum Lernen, und Ihr Hund hat noch Entwicklungsmöglichkeiten. Manche Aussteller stürzen sich so früh wie möglich in die Praxis. Nachdem aber ihr junger Hund nicht direkt an die Spitze kommt, weil er neben den älteren Konkurrenten einfach noch nicht reif genug ist, ziehen sie sich frustriert zurück und geben auf. Dabei ist zu bedenken, dass es neben frühreifen viele spätreife Tiere gibt, die ihre beste Phase erst ab 3 Jahren bekommen. Geduld macht sich auch auf diesem Gebiet bezahlt. Gewöhnlich bedarf es sowieso mehrerer Ausstellungen, bis Mensch und Hund das richtige Gefühl für ihr Auftreten und ihr Zusammenwirken bekommen.

Verlieren und Gewinnen

Das Urteil, wie es auch ausfällt, akzeptieren Sie dankend. Die Richter und die vielen Helfer sind ehrenamtlich und im Interesse der Förderung Ihrer Rasse tätig. Ob Sie zufrieden sind oder enttäuscht – üben Sie Fairness. Sie dürfen es auf anderen Ausstellungen wieder versuchen. Jede Ausstellung bietet andere Chancen. Die Form Ihres Hundes kann sich verbessern, ein anderer Richter nimmt die Bewertung vor, und andere Hunde sind im Wettbewerb. Die Art, den Standard auszulegen und Schwerpunkte zu setzen, kann von Richter zu Richter etwas variieren, und das ist gut so. Gerade bei Hundeausstellungen wecken Siegen und Verlieren, gute oder weniger gute Noten teils heftige Emotionen bei den Besitzern. Auch wenn Sie noch gar nicht wussten, wie perfekt Ihr Hund ist, oder aber wenn Sie sich vielleicht erst damit abfinden müssen, dass er einen Mangel hat – das Wichtigste ist Ihre persönliche gute Beziehung zu Ihrem Hund, und die sollte unbeeinflusst von Erfolg oder Misserfolg auf Ausstellungen bleiben.

Der Irish Wolfhound vollführt seine Aktion bei locker durchhängender Leine. Die Präsentation des möglichst weit ausgreifenden Gangwerks ist von großer Bedeutung.

Fettpölsterchen abgerundet. Die kurzhaarigen Rassen haben glattes glänzendes Fell und die langhaarigen volles, locker fallendes Haar als Zeichen ihres richtigen Ernährungs- und Pflegezustands. Ihr Windhund soll keine gekünstelten Stellungen einnehmen, sondern in unverkrampfter, aber aufmerksamer Haltung so lange stillstehen, bis der Richter sich ein sicheres Bild von ihm machen konnte. Steht Ihr Hund verspannt oder will er sich legen, gehen Sie mit ihm einen Schritt vor, sodass sich die Stellung ändert, oder rücken Sie ein falsch belastetes Bein in die normale Position.

Ein Orientale beispielsweise, von dem eine horizontale Rückenlinie erwartet wird, sollte nicht mit rund gezogenem Rücken vor dem Richter stehen, was dadurch entstehen kann, dass er sich zu sehr in die Leine stemmt oder dass der Besitzer ihn unter dem Bauch hält. Ein englischer oder russischer Windhund kann, durch langes Stehen ermüdet, den Rücken durchhängen lassen, der bei ihm Spannung zeigen sollte. Ihn muss man wieder in eine aufmerksame Stellung bringen.

Vorübungen

Jetzt bewährt es sich, wenn Ihr Hund Menschenansammlungen gewohnt ist und auf ein gewisses Maß an geschäftigem Treiben rechtzeitig vorbereitet wurde. Auch die Annäherung des Richters und die Prüfung des Zahnstands wird Ihr Hund ruhig dulden, wenn Sie ihn von Jugend an mit der Gebisskontrolle vertraut gemacht haben. Mancher Richter wird auch einige Details des Körperbaus wie Rückenfestigkeit, Rutenlänge oder Beschaffenheit der Muskulatur mit der Hand nachprüfen wollen. Der Hund, der darauf verschüchtert oder hysterisch reagiert, wird keinen stolzen Eindruck mehr machen können.

Vorführen im Ring

Zum Vorführen des Gangwerks ist natürlich Leinenführigkeit Voraussetzung, die Sie mit Ihrem Windhund beizeiten eingeübt haben müssen. Die Leine sollte in der Aktion möglichst locker durchhängen, und man darf nicht zwischen Richter und Hund laufen, um den Hund nicht zu verdecken. Sollte Ihr Hund an der Leine vorwärtszerren oder sich in den Boden stemmen, wird der Richter kein harmonisch fließendes Gangwerk zu sehen bekommen. Als Dame sollten Sie bequeme Schuhe wählen, wenn Sie Ihren Hund im

Der ausgestellte Hund soll dem Standard entsprechen und sich im Stand und im Trab präsentieren. Zusätzliche Wettbewerbe gibt es für Zuchtgruppen und Paare, bei denen es auf Übereinstimmung im Phänotyp ankommt.

standen wird. Das vollständige Gebiss besteht aus 12 Schneidezähnen, 4 Fangzähnen, 14 Prämolaren (vordere Backenzähne) und 12 Molaren (hintere Backenzähne). Grobe Abweichungen davon, wie Vorbiss oder Rückbiss sowie eine bestimmte Minderzahl an Zähnen, schließen einen Hund, auch wenn er noch so schön ist, von der Mindestnote zur Anköhrung aus. CACIB und CAC kann vergeben werden, wenn nicht mehr als höchstens zwei Prämolaren fehlen. Fehlen mehr als drei, muss die Note unter „sehr gut" liegen. Am Schluss des Richtens folgt die Reihung der ausgestellten Hunde nach den vergebenen Noten. Sie erhalten einen schriftlichen Richterbericht mit den Bewertungen der verschiedenen Punkte.

Wenn Sie also die äußeren Werte Ihres Windhundes bewerten lassen, so sollten Sie diese auch so vorteilhaft wie möglich präsentieren. Orientieren Sie sich beizeiten, auf welche Merkmale es speziell bei Ihrer Rasse ankommt.

Der Windhund auf einer Ausstellung

Auf der Ausstellung wird von Ihrem Windhund nicht viel anderes erwartet als das, was sowieso eine Selbstverständlichkeit sein sollte: dass er sich gut gepflegt und in ansehnlichem Haarkleid vorstellt und dass er bereitwillig den beiden Aufforderungen nachkommt, die im Ring an ihn gestellt werden, nämlich entweder stillzustehen oder zu laufen.

Ein Windhund in der richtigen Kondition – nicht nur für Ausstellungen, sondern generell – ist schlank und trocken. Seine Konturen werden von Muskeln, nicht aber von

Die Ausstellung

eine möglichst dunkle Augenfarbe. Die glatthaarigen Rassen sollen möglichst kurzes feines Fell haben, die langhaarigen dagegen eine gute Dichte und Fülle des Haars.

Stand

Bei allen Rassen wird auch ganz besonders auf einen einwandfreien Stand geachtet werden. Die Vorderbeine sollen von vorn gesehen gerade nebeneinander, von seitwärts gesehen senkrecht stehen, ohne im Fußwurzelgelenk einzuknicken. Sind die Vorderläufe wie O-Beine geformt, spricht man von Fassbeinigkeit. Sind die Ellbogen an die Brust gedrückt und der Mittelfuß nach außen gestellt, so spricht man von französischem Stand (siehe Abbildung Seite 230).

Die Hinterläufe müssen ebenfalls parallel gestellt sein, jedoch etwas breiter. Der Mittelfuß soll senkrecht stehen. Zeigen die Partien vom Mittelfuß abwärts nach außen, wird die Stellung als kuhhessig bezeichnet. Sind die Mittelfüße zwar gerade, jedoch zu eng nebeneinander, handelt es sich um Enghessigkeit. Sind die Hinterläufe wie O-Beine gebildet, spricht man von Säbelbeinigkeit.

Laufen und Charakter

Ein wichtiger Gesichtspunkt speziell für den Windhund ist die Bewegung. Beim Laufen ist das Zusammenspiel aller Teile des Bewegungsapparats ersichtlich. Das Gangwerk des Windhundes soll flüssig und flott sein. Die großen Windhunde sollen möglichst raumgreifende Bewegungen ausführen mit weitem Vortritt und kräftigem Schub aus der Hinterhand. Schlenkern, Aus- oder Eindrehen oder Kreuzen der Gliedmaßen beim Traben muss der Richter als Fehler werten.

Auch das Wesen des vorgeführten Hundes spielt bei der Bewertung eine Rolle, das bedeutet, es werden Gelassenheit und Nervenfestigkeit erwartet. Der Hund soll aufmerksam bei der Sache sein und eine natürliche, selbstbewusste Haltung zeigen.

Zähne

Durch den obligatorischen Blick in den Fang stellt der Richter schließlich fest, ob es sich um ein korrektes Gebiss mit der ursprünglichen Zahl von 42 Zähnen handelt. Im Prinzip weisen alle Windhunde ein Scherengebiss auf, wobei manchen auch eine Zange zuge-

Ausstellungen speziell für Windhunde finden während des ganzen Jahres statt. Sie sind ein Treffpunkt schöner Hunde und der am Hundewesen interessierten Menschen.

Beraten Sie sich mit dem Züchter Ihres Hundes, wann es seiner Meinung nach Sinn hat, das erste Mal auszustellen. Es ist gut, sich vorher selbst einmal mit den Rassekennzeichen vertraut zu machen, denn wenn ein Hund grobe Abweichungen davon zeigt – wie zum Beispiel hochstehende statt hängende Ohren oder eine unerwünschte Haarfarbe oder wenn Whippets und Windspiele das Größenmaß überschreiten –, so haben sie keine Chancen auf einer Ausstellung. Vorbedingung für den Rüden ist, dass er beide Hoden hat.

Der Rassestandard als Maß

Was wird an Ihrem Hund bewertet? Bei der Beurteilung eines Hundes hält der Richter sich an den Standard, die offizielle Rassebeschreibung, in dem alle Einzelpunkte ausführlich beschrieben sind. Zuerst wird sich das Augenmerk des Richters auf den Gesamteindruck richten, der für die Rasse und das Geschlecht typisch sein soll. Dann werden natürlich sämtliche anatomischen Details bewertet, die in Übereinstimmung mit dem Standard und in einem harmonischen Verhältnis zueinander stehen sollen.

Abgesehen von den speziellen Rassemerkmalen sind allgemeine Qualitäten gefordert, die allen Rassen gleichermaßen eigen sein sollen. Von Bedeutung im übergeordneten Sinn sind beispielsweise Begriffe wie Adel oder Substanz, die sich nicht gegenseitig ausschließen müssen. Ein Plus für jeden Hund ist ein Hals von guter Länge, eine tiefe Brust, eine gut aufgezogene Bauchlinie, viel Pigment sowie ein dunkler Nasenspiegel und

Die Ausstellung

Nachdem wir Sinn und Zweck der Ausstellung bereits zu Anfang dieses Buches theoretisch besprochen haben, wollen wir uns jetzt der praktischen Seite zuwenden. Im Alter von 9 bis 18 Monaten kann der Junghund in der Jugendklasse zur Bewertung angemeldet werden und ab 15 Monaten in der Offenen Klasse. Für Hunde, die bereits entsprechende Sieger- oder Championtitel erworben haben, gibt es die Championklasse. Wenn Sie den Hund schon vorher Ausstellungsluft schnuppern lassen wollen, können Sie ihn mit 6 bis 9 Monaten in der Jüngstenklasse melden. Weiterhin sind noch folgende Ausstellungsklassen eingerichtet: Zwischenklasse, Gebrauchshundklasse und schließlich die Seniorenklasse für Hunde ab 8 Jahren.

Beurteilungen

Beim Richten werden die Wertnoten „vorzüglich", „sehr gut", „gut", „genügend" bzw. „ungenügend" gegeben. Der beste mit vorzüglich bewertete Hund erhält auf einer nationalen Ausstellung das CAC, die Anwartschaft auf das nationale Championat. Auf einer internationalen Ausstellung kommt dazu das CACIB zur Vergabe, die Anwartschaft auf den Titel des Internationalen Champions. Während sich um das CAC die beiden erstplatzierten Hunde aus der Offenen, der Zwischenklasse und der Gebrauchshundklasse bewerben, kommt um das CACIB zusätzlich der Beste aus der Siegerklasse mit ins Stechen. Die Berechtigung für die Gebrauchshundklasse kann ein Windhund durch eine entsprechende Leistungsurkunde über Rennleistungen nachweisen, für die Siegerklasse durch anerkannte Ausstellungssiegertitel. Neben CAC-Spezialzuchtschauen der Rassezuchtvereine und internationalen CACIB/CAC-Zuchtschauen gibt es weitere, auf denen zusätzlich Titel wie Deutscher Bundessieger, Europa- und Weltsieger auf internationaler Ebene und Landes- und Verbandssieger auf nationaler Ebene vergeben werden. Die genauen Modalitäten sind in den Ausstellungsordnungen der jeweiligen Zuchtvereine enthalten.

Neulinge

Ideal zum Eingewöhnen für den Anfänger ist wahrscheinlich die lockere Atmosphäre einer Windhund-Spezialzuchtschau, die im Freien stattfindet. Dort sind nur Windhunde anzutreffen, die außerhalb des Richtens spazieren geführt oder im Auto abgelegt werden können.

Die internationalen Ausstellungen finden gewöhnlich in Hallen statt und versammeln Hunde sämtlicher Rassen zu publikumsfrequentierten Großveranstaltungen. Dort verbringt Ihr Hund die meiste Zeit in seiner nummerierten Box, weshalb eine weiche Unterlage für ihn und eine Sitzgelegenheit für Sie selbst mitgebracht werden sollten. In den Verbandszeitschriften werden fortlaufend die anstehenden Ausstellungen veröffentlicht, ebenso die Adressen, bei denen man Ausschreibungen erhalten und an die man die Meldung schicken kann.

Maulkorb und Renndecke behindern den rennwilligen Whippet nicht. Ein Hund, der nicht zu früh mit Hochleistung beginnt, ist umso länger fit.

Kondition steigern

Ist der Hund ausgebildet, kann er durch die wöchentlichen Trainingsläufe seine Kondition steigern. Kondition bekommt er natürlich nicht nur auf der Rennbahn, sondern in erster Linie auch durch täglich ausreichende Bewegung. Wir werden bald einmal auf einen anderen Trainingsplatz fahren, damit unser Hund auch andere Bahnen kennenlernt. Wenn er auch ab Mitte des 2. Lebensjahrs schon zu offiziellen Rennen starten darf, so lassen wir es doch langsam angehen. Zu ernsthaften Rennleistungen ermuntert ein weitsichtiger Besitzer sein Tier erst ab dem 3. Jahr. Umso länger wird es später fit sein und dauerhafte Leistungen bringen.

Selbstverständlich sollte unser Hund immer nur aufmunternde und liebevolle Worte hören, egal wie er gelaufen ist. Man kann von einem Hund nicht mehr erwarten, als er von Natur aus mitbringt. Manche Hunde laufen trotz geduldigster Trainingsmethoden nicht sauber mit anderen zusammen. Wer in erster Linie seinem Hund zur Freude das Rennen anfing, der wird sich damit abfinden und ihn künftig in Ruhe allein seine Trainingsläufe machen lassen. Der Hund hat auch sein Vergnügen, und der Besitzer kann seinen Hund zum Zeitvergleich mit anderen Einzelläufern auf sogenannten Solorennen melden.

Mit einem Spielzeug als Beute durch die Landschaft zu jagen, macht diesen beiden Whippets ungeheuer viel Spaß. Bei Rennen ist es wichtig, dass der Hund agressionsfrei mit bis zu fünf anderen Hunden zusammen läuft.

Geduld als Schlüssel zum Erfolg

Wir haben Zeit und Geduld mit dem jungen Hund. Das Training bauen wir langsam auf und verlangen noch keine großen körperlichen Leistungen. Später, wenn der junge Hund die ganze Strecke sicher bis zum Ziel läuft, kann er auch an Maulkorb und Startkasten gewöhnt werden. Zuerst lässt man ihn bei offener Klappe einige Male hindurchlaufen. Wenn er weiß, dass dies der Weg zu dem begehrten „Hasen" ist, wird er bald hineindrängen. Sobald der Hetztrieb stark genug ist, beginnt er auch mit anderen Hunden zu laufen. Es ist wichtig, dass er nur mit absolut sicheren Läufern startet, die ihm ein gutes Beispiel geben. Ein Rüde läuft gewöhnlich komplikationslos mit einer Hündin zusammen. An älteren, nicht so schnellen Hunden lernt er zu überholen und sich nach vorn zu setzen.

Aufwärmen und Cool Down

Vor dem Start ist es wichtig, dass unser Hund sich schon warm gelaufen hat. Keinesfalls sollte man ihn aus dem Auto heraus direkt auf die Rennbahn nehmen. An kühlen Renntagen ist es sinnvoll, dass kurzhaarige Windhunde eine wärmende Decke tragen, die ihre Muskeln vor Verhärtung durch Kälteeinwirkung schützt. Nach dem Rennen führen wir unseren Hund noch eine Weile auf und ab, bis der Atem wieder ganz ruhig geht. Jetzt darf er eventuell ein wenig Wasser erhalten. Nun erst können wir ihn wieder im Auto ablegen, das so geparkt sein sollte, dass es im Schatten steht und dass unser Hund keinen Blick auf die Bahn hat. Ansonsten deckt man den Wagen mit einer Plane ab und sorgt für genügend Luftzufuhr. Der Rennhund erhält immer erst nach Abschluss des Renntags sein Futter.

Darüber hinaus gibt es noch die Form des Solorennens, bei dem jeder Hund für sich allein läuft und die schnellste Zeit entscheidet.

Wettkampfregeln

In der offiziellen Rennordnung, die beim DWZRV zu erhalten ist, sind alle Punkte und Regeln festgehalten, die für die Durchführung eines Rennens wichtig sind. Wer sich zu einem Rennen melden will, erfährt alles Nähere aus der vom ausrichtenden Verein veröffentlichten „Ausschreibung". In ihr sind alle Modalitäten des Rennens verzeichnet, so die Länge der Rennstrecke, der Beginn und die Art der Durchführung der Veranstaltung, ausgeschriebene Ehrenpreise und Ähnliches. Selbstverständlich wird man nur Hunde in guter gesundheitlicher Verfassung zum Rennen melden. Krankheitsverdächtige Hunde, hitzige, trächtige oder gerade abgesäugte Hündinnen muss der Bahntierarzt zurückweisen. Jede Art von Leistungssteigerung durch Doping ist verboten. Die jährliche Impfung lassen wir möglichst nicht in der aktiven Phase vornehmen. Wenn doch, muss eine längere Pause danach eingehalten werden.

Wie bringt man seinen Windhund zum Rennen?

Die meisten Windhunde sind Naturtalente. Ihr Hetztrieb veranlasst sie von selbst, dem Lockmittel auf der Rennbahn zu folgen. Was sie lernen müssen, ist das Drum und Dran, die Eingliederung in den technischen Ablauf. Natürlich kann man den Renneifer seines Windhundes durch vorbereitendes Spiel schon frühzeitig fördern. Bereits im Alter von 3 bis 4 Monaten kann man ein Stückchen Fell oder Tuch an einer „Angel" befestigen und vor dem Tierchen herziehen, was ihm großen Spaß macht. Solche Übungen soll man aber nur hin und wieder vornehmen, wie man auch später das Training nicht übertreiben soll, damit der Reiz der Angelegenheit nicht verloren geht.

Auf die Trainingsbahn

Die meisten Besitzer eines Windhundes wird es interessieren zu erfahren, ob ihr Hund denn wohl auf der Rennbahn laufen würde. Selbst wenn man nicht von vornherein vorhat, mit seinem Hund „Europa-Rennsieger" zu werden, so möchte man ihm doch Gelegenheit zum Rennen geben, wenn er sich als begabt herausstellt. Wie machen wir nun unseren Windhund am besten mit dem Rennen vertraut?

Im Alter von 8 bis 9 Monaten nehmen wir ihn mit auf die Trainingsbahn. Einige Male geht er nur mit, um die Atmosphäre kennenzulernen. Dann kommt der große Augenblick: Der Hund soll das erste Mal laufen. Der Anfänger startet zunächst aus der Hand, allein selbstverständlich, und nur eine kurze gerade Strecke. Der Hasenzieher muss auf den Junghund aufmerksam gemacht werden, damit er das Fell nicht zu schnell zieht und nicht zu weit vorlegt.

Bereits sehr früh kann man bei Welpen spielerisch die Lust am Verfolgen eines Objektes wecken. Ein Stück Tuch an einer Angel genügt. Dabei kann man feststellen, welche Hunde das meiste Interesse am Rennen zeigen.

Coursings sind für den Veranstalter mit einem großen Aufwand verbunden und werden seltener abgehalten als Windhundrennen. Ein Coursing ist umso attraktiver, je abwechslungsreicher das Gelände ist und je natürlicher der „Jagdverlauf" für die Hunde erscheint.

Teilnahmevoraussetzungen

Die einzelnen Windhundrassen laufen unter sich. Das Rennreglement schreibt als Mindestalter für Whippets und Windspiele 15 Monate, für alle anderen 18 Monate vor. Das Höchstalter für alle Rassen ist 8 Jahre. Die Ausrüstung für den Rennhund besteht aus einem Satz verschiedenfarbiger Renndecken, die mit den Nummern 1 bis 6 versehen sind und über dem Rücken getragen werden. Zusätzlich wird aus Sicherheitsgründen ein leichter Maulkorb aus weitmaschigem Draht- bzw. Plastikgeflecht angelegt. Und natürlich ist ein gut sitzendes Halsband und eine feste Leine nötig, um die Hunde vor und nach dem Rennen gut unter Kontrolle zu behalten.

Die Rennhunde müssen im Besitz einer Rennlizenz sein, die sie vorher durch einwandfreie Trainingsläufe erworben haben. „Einwandfreies" Laufen beinhaltet, dass der Rennhund aus dem Startkasten startet und das vorweggezogene Lockmittel mit Einsatz verfolgt, ohne den Rennablauf durch Stehenbleiben oder Ausbrechen zu stören und ohne seine Konkurrenten anzugreifen oder zu rempeln. Solche Störversuche werden bei offiziellen Rennen mit der Disqualifikation des Rennhundes geahndet.

Beim Coursing laufen die Windhunde immer paarweise. Die Veranstaltungen sind sehr beliebt, weil die Hunde individuell gefordert werden. Attraktiv ist immer nur ein Objekt, das sich bewegt. Am Ziel verliert es seinen Reiz.

Coursings in Deutschland

Auch unsere Coursings werden im freien Gelände abgehalten. Im Unterschied zu Großbritannien hat es bei uns keine Jagd auf lebendes Wild gegeben. Der abgesteckte Parcours beschreibt ein großes Oval, das mit integrierten Richtungsänderungen und imitierten Haken zum Ausgangspunkt zurückführt. Die Strecke, die auch über Hindernisse wie niedrige Hecken oder Gräben führen kann, soll dem Lauf eines flüchtigen Hasen nachempfunden sein. Diese Rennart entspricht dem natürlichen Jagdverhalten der Windhunde am getreuesten. Die Strecke ist etwa 450 m lang und wird nach jedem Durchgang neu abgesteckt, um die teilnehmenden Windhunde vor eine neue Aufgabe zu stellen. Es starten immer zwei Hunde, von denen derjenige die meisten Punkte bekommt, der dem künstlichen Lockmittel am genauesten folgt. In zweiter Linie wird die Schnelligkeit bewertet.

Das Coursing findet auf natürlichem Gelände statt und beinhaltet Richtungsänderungen und Hindernisse. Nicht die gelaufene Zeit entscheidet, sondern Aktion und Reaktion beim Verfolgen des künstlichen Hasen.

Amateur- versus Profirennen

Bei den in Deutschland und den meisten angrenzenden europäischen Nachbarländern gepflegten Windhundrennen handelt es sich um „Amateurrennen", die in erster Linie um der Hunde und ihrer Bewegung willen veranstaltet werden, wobei natürlich auch die Besitzer ihre Freude und ihr sportliches Erlebnis haben.

In Ländern wie zum Beispiel England, Irland, Spanien, Amerika und Australien hat sich das „Profirennen" etabliert und in Verbindung damit eine gigantische Zucht- und Rennindustrie, animiert durch das lukrative Wettgeschäft, leider verbunden mit allen negativen Konsequenzen für die Rennhunde.

Während auf den kommerziellen Bahnen nur Greyhounds zum Einsatz kommen, legen wir auf den hiesigen Rennbahnen Wert darauf, dass alle Windhundrassen ihre Rennambitionen artgerecht pflegen können.

Für die Zukunft hoffen wir, dass uns das kommerzielle Wettgeschäft im hiesigen Windhundsport erspart bleibt, das zweifelsohne eine ähnlich nachteilige Veränderung des hobbymäßig betriebenen Hundesports zur Folge hätte wie in den entsprechenden Profisportländern.

Entstehung

Das Coursing hat sein Vorbild in den angelsächsischen Ländern. Bereits im 18. Jahrhundert fand dort die Hasenhetze mit Greyhounds nach sportlichen Regeln statt.

Was ist das Coursing? Das bis vor Kurzem in Großbritannien so ausgeübte Coursing ist der Wettbewerb in Bezug auf Schnelligkeit und Geschicklichkeit hinter dem lebenden Hasen her gewesen. Ein Feldrichter beurteilte dabei die Arbeit je eines Paares Windhunde und vergab Punkte, die sie entweder im Wettbewerb weiterkommen oder ausscheiden ließen. Dabei fand die irische Form, das „Park Coursing", im eingezäunten Gelände statt, während das englische „Open Coursing" in offenem, natürlichem Gelände veranstaltet wurde. Bei Ersterem ging die Hetze über ein relativ kurzes Feld, an dessen Ende die vorher gefangenen und trainierten Hasen die Möglichkeit hatten, sich durch Schlupflöcher in Sicherheit zu bringen. Beim Open Coursing wurden frei lebende Hasen aufgespürt und über meist wesentlich längere Strecken gehetzt, wobei die Hunde durch die Haken des Hasen viele Male aus dem Rhythmus gebracht wurden. Das Ziel war nicht, den Hasen zur Strecke zu bringen (das sahen die Klubs gar nicht einmal so gern), sondern die Fähigkeiten der Hunde zu messen. Angeblich wurden von den Greyhounds nur ca. 5 bis 10 % der Hasen gefangen.

vorausbewegt, auf die Bahn gelassen. Der „Hase" wird an einer Schnur über Rollen von einer Hasenmaschine gezogen, wobei es um mindestens eine Kurve geht (u-förmige Bahn) oder um zwei Kurven (Doppel-U).

Das Patent des mechanischen Hasenzugs und die Idee der runden Rennbahn, die die rationelle Abfolge vieler Läufe hintereinander überhaupt erst möglich machte, kam aus Amerika über England und eroberte Ende der 1920er-Jahre auch Deutschland.

Die Zeiten werden am Ziel gestoppt, und die Reihenfolge der einlaufenden Hunde wird festgehalten. Die moderne Elektronik erlaubt heute Zielfotos, anhand derer exakt festgestellt werden kann, wer „die Nase vorn" hatte – auch dann, wenn es bei engen Einläufen für das Auge schwer wird, die Platzierungen zu bestimmen. In Vor-, Zwischen- und Endläufen werden die Sieger ermittelt. Sie erhalten zwar keine Geldpreise, auch werden hierzulande keine Wetten auf sie abgeschlossen. Dennoch kann ein schneller Windhund während seiner Rennlaufbahn die verschiedensten Trophäen nach Hause bringen und begehrte Renntitel erwerben.

Der Afghane verfolgt mit fiebernder Spannung das Renngeschehen und kann seinen eigenen Einsatz kaum erwarten.

Hochspannung beim Greyhound-Rennen. Die Zuschauer halten den Atem an. Über einen Sieg entscheiden Bruchteile von Sekunden.

Windhundrennen und Coursing

Heute gibt es 42 Rennvereine, die über ganz Deutschland verteilt sind und wöchentlich Trainingsveranstaltungen anbieten. Jährlich finden ca. 70 Ausstellungen und 80 Rennveranstaltungen und Coursings statt.

Viel Zeit und Mühe investieren die aktiven Mitglieder in den verschiedenen Rennvereinen in den Bau und die Pflege geeigneter Rennbahnen und deren Umfeld, um möglichst ideale Voraussetzungen dafür zu schaffen, dass die verschiedenen Windhundrassen ihre artgerechte Bewegung erhalten.

Auf freiwilliger Basis

Durch Zwang kann man einen Windhund nicht zum Rennen bringen. Bedenken von Außenstehenden in dieser Beziehung sind völlig unbegründet. Der Windhund läuft immer freiwillig und nur, weil es ihm Spaß macht. Ja, mehr als das, es ist seine Leidenschaft, für die ein passionierter Rennhund alles andere links liegen lässt. Die Begeisterung ist meist so groß, dass der Besitzer Mühe hat, seinen Hund vor dem Start zu halten.

Wollte der Hund nicht rennen, so könnte man ihn zwar in den Startkasten hineinschieben, aber sobald er sich öffnet, würde dieser Hund wieder hinter den Kasten zurückkehren oder nach ein paar zögernden Sprüngen stehen bleiben und zurücklaufen. Das gibt es durchaus hin und wieder. Es gibt auch Tiere, die sich einfach nicht dafür interessieren. Das wird man dann akzeptieren.

Organisation und Ablauf

Beim Windhundrennen unterscheidet man die Bahnrennen und die Coursings. Erstere finden meist auf Rasenbahnen statt, über Entfernungen von mindestens 300 m bis höchstens 900 m, wobei die übliche Bahnlänge 450 m bzw. 480 m beträgt. Daneben gibt es auch Sandbahnen oder Rasenbahnen mit Sandkurven und Sandauslauf. Auf diesen Bahnen werden weniger hohe Geschwindigkeiten erreicht als auf Rasen; gleichzeitig ist auch die Belastung für die Pfoten der Hunde weniger hoch, was insbesondere den Greyhounds zugute kommt.

Bis zu sechs Hunde werden in die Startboxen gleichzeitig eingesetzt. Sie werden dann hinter einem „künstlichen Hasen" (bestehend aus einem Fell bzw. Kunststoff), der sich etwa 20 m vor dem ersten Hund

Der Sportgedanke wurde weiter entwickelt und vervollkommnet. 1892 gründete sich der erste Windhundverein Deutschlands. Heute sind die Rennen technisch perfekt.

Gebrauch seiner Glieder das Auge des Beschauers durch elegante Bewegungen, gewandtes Springen und dergleichen entzückt. Erst auf der Rennbahn entfaltet der Hund sein volles Sein und seine ganze Geschicklichkeit und bietet seine äußere Erscheinung im günstigsten Licht zur Betrachtung."

Das muss auch dem heutigen Leser – obwohl von der Sprache her veraltet – sehr fortschrittlich vorkommen.

Schönheit und Leistung

Allerdings verlief im Gegensatz zu heute die Rennstrecke nur geradeaus, enthielt aber Hindernisse und Wassergraben. Ein Lockmittel gab es noch nicht; die Hunde liefen praktisch auf ihre Besitzer zu, die im Ziel warteten. Als zum Rennen am besten geeignet wurden die Windhunde Greyhound, Scottish Deerhound, russische Windhunde und afrikanische Windhunde sowie Windspiele genannt. Daneben konnten auch Deutsche Doggen, Terrier, Schäferhunde, Pudel und Spitze sowie einige Kleinhunde ihre Fähigkeiten unter Beweis stellen.

Der Autor bringt bereits folgende Perspektive zum Ausdruck: „Werden nun, wie es stets der Fall sein sollte, mit dem Rennen lokale Ausstellungen oder Schauen verbunden, … so dürfte der Vorteil, der dadurch für die Verbreitung der Rassenkenntnisse und die Hebung und Vermehrung der vernünftigen Hundeliebhaberei ersprießt, nicht allzu schwer zu finden sein."

Hier erkennen wir bereits die direkte Vorlage für die Praxis der Kombination von Ausstellung und Rennen und das Ideal von „Schönheit und Leistung" in der heutigen Windhundzucht.

Windhundsport

Die Anfänge in Deutschland

Es ist wahrscheinlich kaum bekannt, aber man hat schon Ende des 19. Jahrhunderts in Deutschland damit begonnen, Rassehunden eine sportliche Laufbetätigung zu bieten. Wir wollen Bezug nehmen auf ein Buch, das im Jahr 1886 herausgegeben wurde. Es trägt den Titel „Deutscher Hundesport" und wurde geschrieben von Jean Bungartz, der auch ein bekannter Tiermaler war. In der Tat beschreibt der Autor mit vielen Illustrationen die sich damals etablierenden Hunderennen, verbunden mit dem Bau fester Bahnen inklusive Startboxen für die Hunde, Tribünen für die Zuschauer und Pavillons für Komitee und Preisrichter. Durchaus war der Sinn und Zweck in der Bewegungsmöglichkeit für die nicht jagdlich geführten Rassehunde zu sehen, wobei der Sportveranstaltungscharakter eine gewisse Rentabilität garantierte.

Moderne Gedanken

Zitat: „Die Renntage sind nicht allein Festtage für das Sport liebende und Sport übende Publikum, sondern auch ganz besonders für unsere vierläufigen Freunde, denen Gelegenheit gegeben wird, von ihren Gliedern vollen Gebrauch machen zu können und nach Herzenslust herumzujagen, ein Vergnügen, das ihnen in den belebten Straßen der Großstädte untersagt ist, wo sie meist an der Leine von ihrem Herrn herumgeführt werden."

Und beim Rennen selbst beobachtet der Autor, dass (Zitat) „der Hund in freudigster Erregung, in voller Freiheit und im vollen

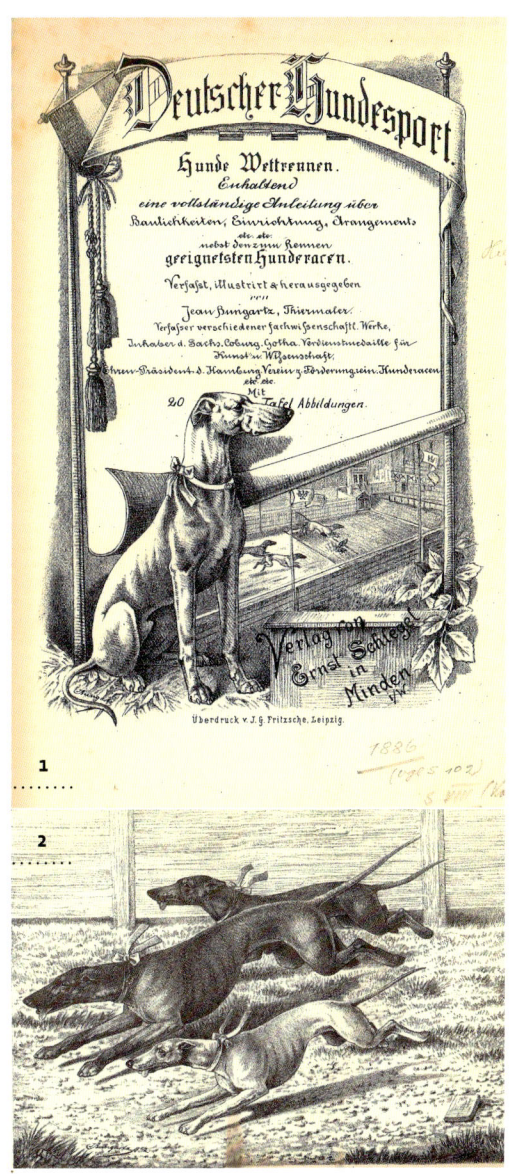

1 Im Buch „Deutscher Hundesport" werden die Anfänge der Hunderennen ab 1880 beschrieben und illustriert.
2 Hier laufen „Afrikanischer Windhund und Windspiele".

es für sie auch nicht. Die Aktion des Vorführens, also des Kreislaufens neben Frauchen oder Herrchen, ist eigentlich auch nur das Mindeste, was man von seinem Hund erwarten kann. Selbst in einer Halle, bei Gedränge des Publikums und entsprechenden Geräuschen, hat doch der Hund seine „Oase", die Box, in der er den größten Teil des Ausstellungstages ruhen kann und unbelästigt ist.

Ausstellen des eigenen Hundes

Obwohl man sich als Neuling auf den organisatorischen Ablauf vielleicht erst einstellen muss, übt das Ausstellungswesen doch einen eigenartigen Reiz aus. Sollte sich herausstellen, dass Ihr Hund in hohem Maße dem Idealbild der Rasse entspricht, kann es für die Zukunft interessant werden – wenn sich nämlich die Besten um die zu vergebenden Titel im Ausstellungswesen bewerben. Für viele Windhundbesitzer ist es ein interessanter Wettkampf, auf den verschiedenen Ausstellungen den Vergleich ihres Hundes mit anderen Rassevertretern zu verfolgen. Dabei spiegeln Hundeausstellungen neben all den hundebezogenen Ereignissen auch die Breite menschlicher Gefühle wider. Gewinnen und Verlieren muss beides gelernt sein.

Durch die Präsenz wechselnder Richter und die jeweilige Tagesform des Hundes, vielleicht auch durch eigenes Geschick beim Vorführen, können sich für die Zukunft immer wieder unterschiedliche Konstellationen ergeben. Die Ausstellung kann zum Hobby werden.

Auf einer Zuchtschau wird die Bewertung des Hundes nach anatomisch richtigem Körperbau und Funktionstüchtigkeit des Laufwerks von Spezialrichtern vorgenommen.

Bei Ausstellungen

Ein Wettkampf anderer Art ist die Ausstellung. Hier geht es um das äußere Erscheinungsbild Ihres Windhundes. Ausstellungen werden bei uns auch Zuchtschauen genannt. Die Bewertung der Hunde wird nach anatomisch richtigem Körperbau und Funktionstüchtigkeit des Laufwerks von Spezialrichtern vorgenommen. Der Ausdruck hat rassetypisch zu sein, das Wesen möglichst frei und sicher. Neben der Feststellung der Zuchttauglichkeit sind die Ausstellungen Schönheitswettbewerbe für jeden reinrassigen Hund. Als Maßstab wird der spezielle Rassestandard zugrunde gelegt. Voraussetzung für die Teilnahme ist wiederum die Eintragung Ihres Hundes in einem anerkannten Zuchtbuch.

Windhunde sind auf Hundeausstellungen häufig anzutreffen. Bei den großen internationalen CACIB-Ausstellungen des Verbandes für das Deutsche Hundewesen e. V. (VDH) bilden sie als Gruppe 10 eine bedeutende Gruppe unter den ausgestellten Hunden. Darüber hinaus gibt es spezielle Windhundzuchtschauen, die in großer Zahl von Frühjahr bis Herbst meist unter freiem Himmel auf den vereinseigenen Plätzen stattfinden. Veranstalter dieser Schauen ist der Deutsche Windhundzucht- und Rennverband (DWZRV) sowie Vereine, die einzelne Rassen betreuen.

Ausstellungen bieten Ihnen die Möglichkeit, mehr über die Windhundrasse und das standardmäßige Idealbild zu erfahren, das sich die Fachwelt derzeit von ihr macht. Sie erhalten eine fachkundige Bewertung des eigenen Hundes und können von der Beurteilung der anderen lernen.

Treffpunkte für Hundefreunde

Ausstellungen sind Treffpunkte der am Hundewesen Interessierten. Damit sind sie auch Stätten der Begegnung und des Erfahrungsaustausches von Hundefreunden und Liebhabern bestimmter Rassen sowie eines interessierten Publikums. Am Rande der Windhundspezialveranstaltungen auf den Plätzen der Windhundvereine bietet sich in gelockerter Atmosphäre viel Gelegenheit zu Gesprächen und zum Zusammensein mit gleich gesinnten Windhundbesitzern.

Keine Angst, die Hunde „leiden" nicht auf einer Ausstellung, und eine Zumutung ist

Der Whippet ist prädestiniert, sich beim Windhundrennen auszupowern. Ein schneller und leistungsstarker Windhund ist auch ein gesunder Hund.

innerhalb Deutschlands teilzunehmen. Windhundrennen sind auch im benachbarten Ausland populär, sodass der Windhundbesitzer an deutschen und ausländischen Wettkämpfen teilnehmen kann.

Training und Wettkämpfe

Vielleicht wussten Sie bisher gar nicht, wie verbreitet Windhundrennen sind. In fast jeder größeren Stadt bzw. in deren Einzugsgebiet gibt es heute einen Windhundrennplatz. Dort ist für Windhunde jeder Rasse Gelegenheit, am mindestens einmal wöchentlich stattfindenden Training teilzunehmen. Das Training wird meist am Wochenende veranstaltet. Bei den Läufen hinter einem vorweggezogenen Lockmittel auf einer bestimmten Bahn hat der interessierte Windhund Gelegenheit, einmal richtig durchzustarten. Der Windhundsport bietet die Laufmöglichkeit, die dem wahren Naturell des Windhundes am nächsten kommt. Sein Sinn und Zweck ist es, die ursprüngliche Jagdpassion nicht ersatzlos zu unterdrücken, sondern vielmehr dem modernen Windhund einen ihm angemessenen Ausgleich zu bieten. Sicherlich wird es Sie interessieren, die Schnelligkeit Ihres Hundes in Sekunden zu messen und nicht zuletzt festzustellen, wie schnell er im Vergleich zu seinen Artgenossen ist. Durch Konditionstraining können Sie dazu beitragen, die Leistungsfähigkeit Ihres Windhundes zu steigern, was natürlich auch seinem körperlichen Wohlbefinden zugutekommt. Ein schneller und gewandter Windhund ist auch ein gesunder Hund. Viele Windhundbesitzer haben im Rennsport ein Hobby ganz besonderer Art gefunden. Die Spannung um die Platzierung im Wettkampf der Schnelligkeit und Gewandtheit und das bunte Treiben auf dem Rennplatz erzeugen eine ganz eigene faszinierende Atmosphäre und locken gewöhnlich auch viele Zuschauer an.

Blitzschnell hat der Windhund größere Distanzen zurückgelegt. Seine Hochgeschwindigkeit kann er gefahrlos bei den Sport- und Trainingsveranstaltungen der verschiedenen Windhund-Rennvereine umsetzen.

Tiere in Feld und Flur schon vor ihm auszumachen, was manchmal sehr wichtig sein kann. Sie werden ihn nicht gerade dann loslassen, wenn vorn an der Wegbiegung ein Reh wechselt oder wenn ein paar Hasenohren aus dem Rübenfeld herausschauen.

Immer mit dabei

Ihr Windhund wird, wenn erwachsen, unermüdlich alle Ihre Märsche mitmachen, die großen und die kleinen Gänge. Sie werden vielleicht Wanderungen planen und unternehmen, zu denen Sie sich ohne Hund gar nicht aufgerafft hätten. Er genießt auch die Autofahrten und wartet – woran er sich leicht gewöhnt – im Auto auf Ihr Wiederkommen, wenn er einmal nicht mit aussteigen kann. In diesem Zusammenhang zwei wichtige Tipps: Parken Sie Ihr Auto niemals in der Sonne (Erstickungsgefahr) und auch nicht dort, wo andere Hunde vorbeigeführt werden und den wartenden Hund provozieren könnten. Er würde seine Erregung höchstwahrscheinlich an der Innenverkleidung des Autos abreagieren.

Beim Windhundsport

Von Ihren gemeinsamen Unternehmungen abgesehen, können Sie durch Ihren Hund eine ganz neue Sportart entdecken, den Windhundrennsport. Teilnahmeberechtigt am Windhundrennen sind Hunde aller Windhundrassen, die in einem anerkannten Zuchtbuch eingetragen sind. Die Rennsaison dauert gut 7 bis 8 Monate im Jahr. Von Frühjahr bis Herbst ist nahezu jedes Wochenende Gelegenheit, an einem Windhundrennen

Darüber hinaus bestimmen auch Sie selbst die Prägung Ihres Hundes mit, wenn Sie ihn jung bekommen. Ein Windhund ist also prädestiniert, ein zauberhafter, liebenswerter Gesellschafter im Haus zu werden.

Was können Sie, davon abgesehen, mit Ihrem Windhund unternehmen?

Als Begleiter

Sie haben jetzt Gelegenheit, Ihre eigenen und seine sportlichen Eigenschaften zu entdecken. Sie werden viel hinaus ins Freie kommen und Ausgleich zu Ihren beruflichen oder häuslichen Tätigkeiten finden. Vielleicht werden Sie eine intensivere Beziehung zur Natur bekommen, und wahrscheinlich werden Sie lernen, die freie Landschaft mit „Windhundaugen" zu betrachten und das zu erkennen, was auch Ihren windschnellen Begleiter interessieren könnte. Sie werden seiner Blickrichtung folgen und lernen, die

1 Wanderungen mit Windhunden führen den Menschen in die freie Natur.
2 Eine eher ausgefallene Sportart: das Rudern mit Magyar Agar im Boot.
3 Der Greyhound geht schwimmen.
4 Auch das Spiel mit der Frisbeescheibe sorgt für Beschäftigung und Auslastung.

Was kann ich mit meinem Windhund anfangen?

Die Beziehung zu Ihrem Windhund und der tägliche Umgang mit ihm wird Ihnen sehr viel Freude bringen. Die meisten neuen Windhundbesitzer sind überrascht von dem Verhältnis, das sich zwischen ihnen und ihrem Hund entwickelt; eine Beziehung, die ihre Erwartungen bei Weitem übertrifft. Es lässt sich kaum ein idealerer Hausgenosse finden. Der Windhund macht keinen großen Wirbel, er fordert nicht lautstark. Von seinem bevorzugten Platz aus beobachtet er still, was vorgeht. Er bellt selten und nur bei unvermeidlichen Anlässen. Zu Ihren Kindern wird er freundlich und geduldig sein, wenn Sie, was wir voraussetzen möchten, ein instinktsicheres Tier bekommen haben. Seine Anwesenheit kann sehr wohltuend auf die oft so überreizten Nerven des modernen Menschen wirken.

Sie werden auch seine Sauberkeit schätzen. Windhundeigenart, besonders die der glatthaarigen Rassen, ist es, von sich aus Schmutz zu meiden und sich selbst zu putzen.

Partner und Freund

Ob es sich um kleine oder große Rassen handelt, der Windhund bewegt sich leichtfüßig und geschickt im Haus. Die Grazie seiner Bewegung, die Anmut seiner Ruhehaltung und die Schönheit seiner Linien vermag darüber hinaus das Auge immer neu zu fesseln. Der Windhund hat das Bedürfnis, dabei zu sein, ohne im Vordergrund zu stehen. Er wird sich der Familie und ihrem Rhythmus anpassen. Aufgrund seiner dezenten Eigenschaften kann man ihn bei vielen Gelegenheiten auch gut mitnehmen.

Wohlgemerkt, die Wesens- und Temperamentsbeschreibungen in diesen einleitenden Kapiteln beziehen sich auf den „fertigen" Windhund. Welpen bzw. Junghunde unter einem Jahr sind in den meisten Fällen genauso lebendig und voller Streiche wie Junghunde aller anderen Hunderassen auch. Bei ihnen ist natürlich eine konsequente Beaufsichtigung erforderlich, wenn man Wert auf einen tadellosen Erhalt der Wohnung legt.

Kommando „Platz", unterstützt durch Handzeichen.
„Gib Pfötchen", mit entsprechendem Fingerzeig.
Geübt wird mit Geduld, ohne Erfolgszwang und solange es Freude macht.

Probleme?

Die meisten Windhundbesitzer sind mit wenigen Grundregeln im Miteinander zufrieden. Erwachsene Windhunde benehmen sich in der Regel von sich aus gut und angepasst. Sollten dennoch sogenannte Probleme auftreten, sind sie in erster Linie menschengemacht und darin begründet, dass die Besitzer die Hundesprache nicht verstehen und die Signale des Hundes falsch deuten. Viele Menschen erwarten einfach, dass der Hund logisch denkt wie sie, also entweder vorausschauend oder im Nachhinein Ereignisse und deren Folgen miteinander verknüpfend. Der Hund kann aber solche Denkstrukturen nicht nachvollziehen. Daraus resultieren die Missverständnisse.

Heute gibt es ein reichhaltiges Angebot an Literatur und DVDs sowie kompetenten TV-Sendungen zu diesem Thema (siehe auch Lesetipps im Anhang des Buchs). Auch liegen in vielen Tierarztpraxen Broschüren aus, die einem Hundeeinsteiger die Grundlagen vom Miteinander von Mensch und Hund anschaulich nahebringen. Vielfach stellt sich nun heraus, dass in erster Linie das Verhalten des Menschen zu korrigieren ist, der unbewusst die Reaktionen seines Hundes auslöst, die er dann als störend empfindet.

In der Hundeerziehung hat sich vieles geändert. Verständigung und positive Verstärkung sind heute die Schlüsselworte. Man hat erkannt, dass Lob und Belohnung des erwünschten Verhaltens viel bessere Ergebnisse erzielen als Maßregelung und Strafe. Gute Hundeschulen und Hundetrainer, die einfühlsam arbeiten, leisten hier wertvolle Verständnisarbeit und können auch unbegabten Windhundbesitzern praktischen Nachhilfeunterricht geben.

Fotos S. 192, 193:
Kleines Lernangebot an die Sloughi-Damen: „Sitz",
„Pfötchen", „Belohnung" und „Bei Fuß". Letzteres ist die
wichtigste Übung für den Windhundhalter.

Flegelalter

Im Zuge des Heranwachsens, in der Regel mit einem Dreivierteljahr, zeigt sich oft eine nachlassende Bereitschaft zu kommen. Der Hund scheint uns nicht mehr zu hören, scheint uns nicht zu verstehen und tut auf unsere Rufe genau das Gegenteil, nämlich Weggehen. Mancher Besitzer beginnt an allem zu zweifeln, wenn es ihm nicht mehr gelingt, seinen Hund an die Leine zu bekommen. In dieser Phase muss man einfach Geduld bewahren und wissen, dass der Hund ein gewisses Entwicklungsstadium durchläuft. Er wird an dessen Ende akzeptieren, dass er sich nicht, wie in der Natur, selbstständig machen kann, sondern dass er fest integriertes Mitglied in seiner Menschenfamilie bleibt.

Sie dürfen über die Mindestlektion des Kommens hinaus gern weitere Übungen mit Ihrem Windhund machen, solange Sie merken, dass es ihm auch Freude bereitet, gefordert zu werden und mit Ihnen zusammen etwas zu tun. Ziehen Sie es als eine Art disziplinierten Spiels auf. Jedem jungen Hund macht es Spaß, wenn am Ende gelobt und belohnt wird. Durch ausdauernde, immer gleiche Worte in einem bestimmten Tonfall, unterstützt von den betreffenden Gesten, lassen sich zum Beispiel „Sitz" und „Platz" und anderes erlernen. Genaue Anleitungen kann man entsprechenden Erziehungsratgebern oder DVDs entnehmen.

Auch ein Windhund hat gewiss mehr Freude daran, einige kleine Übungen durchzuspielen, als seine Tage, sich selbst überlassen, als Schaustück am Kamin zu verbringen. Wichtig ist allerdings, dass kein Erfolgszwang besteht.

findet das Erlebnis immer so: Entfernen – spielend leicht; freies Auslaufen und Umherstöbern – herrlich; Zurückkommen – furchtbar! Ein solches Erlebnis würde sein ferneres Kommen sehr infrage stellen. Das Kommen muss daher als solches immer gelobt und belohnt werden, auch wenn Sie im Inneren ärgerlich sind.

Wenn Sie ihm eine wirkungsvolle Lehre erteilen wollen, so treffen Sie ihn mit einem kleinen Wurfgeschoss in dem Moment, wo er trotz Anruf davonrennt. Allerdings müssen Sie zielsicher sein, und Ihr Hund sollte nicht sehen, dass es von Ihnen ausgeht.

Diese Art der „höheren Gewalt" im Moment der Tat ist auch bei Hunden heilsam, die sich durch den Zaun hindurcharbeiten, die in der Küche stibitzen oder Ähnliches. Der Hund macht eine wirkungsvolle Erfahrung, und zwar ohne dass Sie selbst eine für ihn erkennbare negative Rolle darin spielen.

1–4 *Ist Agility unter der Würde eines Windhundes? Keineswegs, Sport macht Spaß, wie man sieht. Zwei Galgos und ein Saluki-Welpe nehmen die Herausforderung an und zeigen großes Geschick bei schwierigen Übungen. Viel besser als Langeweile auf der Couch.*

Sollten Sie mehrere Hunde beim Ausgang dabeihaben, ist es sehr geschickt, immer nur einen oder höchstens zwei zusammen von der Leine zu lassen. Bedenken Sie, dass beim Laufenlassen mehrerer Hunde unweigerlich ein „Meuteeffekt" eintritt, der bewirken kann, dass die Tiere gemeinsam plötzlich Dinge wagen, die ihnen einzeln niemals eingefallen wären – sei es, dass sie sich sehr weit entfernen und nicht mehr auf Ruf reagieren, sei es, dass sie andere Hunde stellen oder Ähnliches. Auf die Gruppendynamik kann man nur noch schlecht Einfluss nehmen. Läuft nur ein Tier frei, wird es viel eher den Anschluss an die angeleinten Kameraden und den Menschen halten.

Diplomatie

Was tun Sie, wenn Ihr Hund auf Ihr Rufen nicht kommt oder gerade das Gegenteil tut und sich weiter entfernt?

Verhalten Sie sich diplomatisch. Machen Sie Ihre schwache Position nicht dadurch überdeutlich, dass Sie ohnmächtig hinter ihm herrufen oder ihn gar zu fangen versuchen. Wenden Sie sich ab und gehen Sie entschieden in die andere Richtung davon, sodass er das sieht. Oder setzen Sie sich irgendwohin, ohne ihn zu beachten. In aller Regel kommt er nun hinter Ihnen her, und wenn er auf gleicher Höhe ist, leinen Sie ihn wie selbstverständlich an. Niemals strafen Sie ihn, wenn Sie ihn wiederhaben. Die Strafe würde Ihr Hund nicht mit seinem Weglaufen in Verbindung bringen, sondern mit seinem Kommen. Er zieht ja keine logischen Schlussfolgerungen in unserem Sinn, sondern emp-

Kommen und andere kleine Übungen

So entschieden Sie sich durchsetzen, wenn Ihr Hund etwas lassen soll, so ganz anders fangen Sie es an, wenn Sie ihm etwas beibringen möchten. Um zu erreichen, dass er etwas tut, was Sie gern möchten, ist positive Motivation am Platz zusammen mit Geduld. Aber die Mühe lohnt sich, denn er tut das Gewünschte dann aus freien Stücken und mit Überlegung.

Das Kommen ist die wichtigste, wenn auch für einen stolzen, unabhängigen Windhund keine ganz so einfache Lektion. Sagen Sie das Wort „Komm", wenn der Welpe von sich aus Ihren Schritten folgt. Freuen Sie sich sichtbar, wenn er auf Ruf angelaufen kommt. Unterstützen Sie das dadurch, dass das Kommen jedes Mal mit etwas Angenehmem verbunden ist, wie einem Belohnungshäppchen, auf jeden Fall jedoch mit Loben und Streicheln.

Sollte Ihr Hund das Kommen von Grund auf lernen müssen, so können Sie eine lange Schnur verwenden, die Sie an seinem Halsband befestigen und deren Ende Sie locker in der Hand halten, sodass der Hund keine wesentliche Beeinträchtigung seines Freiheitsgefühls erfährt. Nun rufen Sie ihn aus gebührender Entfernung zu sich und ziehen ihn, wenn er von selbst keine Anstalten macht, unter ständiger Wiederholung von „Komm!" zu sich heran. Bei Ihnen angekommen, wird er tüchtig gelobt, auch wenn er nur widerstrebend kam. Das Herankommen wird Ihrem Hund sehr viel leichter fallen, wenn Sie beim Rufen in die Hocke gehen. Rufen Sie immer nach Art einer freundlichen Einladung. Legen Sie alle Überzeugungskraft in Ihren Tonfall hinein. Geübt wird zu Zeiten, wo der Hund munter und aufnahmebereit ist. 10 bis 15 Minuten täglich sind genug. Bald schon hat ihn diese praktische Erfahrung gelehrt, was „Komm" bedeutet, und er folgt Ihnen auch ohne Leine. Nachdem es in Haus und Garten reibungslos klappt, üben Sie dasselbe auf Spaziergängen an ruhigen Plätzen, wo der Hund nicht abgelenkt wird. Rufen Sie ihn nicht, nachdem Sie ihn kaum losgelassen haben. Jetzt muss er erst einige übermütige Runden drehen. Rufen Sie ihn auch nicht gerade dann, wenn seine Aufmerksamkeit durch etwas anderes gefesselt ist. Und rufen Sie ihn nicht dauernd unnötig.

Hartnäckig bleiben

Wenn Sie ihn aber rufen, beharren Sie auf der Durchführung des einmal gegebenen Befehls. Wenn Sie etwas von Ihrem Hund verlangen, dann müssen Sie es auch durchsetzen. Das Lernen sollte also immer mit einem 1:0 für Sie enden. Denn seinen „Erfolg", das Umgehen Ihres Rufs, wird sich Ihr Hund gut merken. Setzen Sie Ihren Spaziergang fort, nachdem er glücklich wieder angeleint ist. Es ist wichtig, dass erfolgter Gehorsam nicht gleich das Ende des Ausgangs bedeutet. Und wiederholen Sie das Freilassen und Zurückrufen, um Ihrem Hund zu zeigen, dass das normale Aktionen während des Spaziergangs sind.

„Komm, komm!" Der Ruf wirkt Wunder bei diesen kleinen Sloughi-Welpen. Das Kommen ist die wichtigste Aufforderung, der die meisten Welpen spielerisch gern folgen. Das lernen sie am besten schon beim Züchter.

Rangordnung

Kraft Ihrer Autorität sollten Sie Ihrem Hund auch etwas wegnehmen können, das kann sich manchmal als sehr wichtig erweisen. Üben Sie dies von Jugend an, indem Sie zum Beispiel seine Mahlzeit unterbrechen und sein Futter kurz wegnehmen oder indem Sie ihn zum Herausgeben eines Kauknochens auffordern, den Sie ihm später wiedergeben. Das bedeutet – in Anlehnung an die Natur – die Festsetzung der Futterrangordnung. Dass Sie Ihren Hund vom Sessel schicken können, wenn Sie sich selbst setzen wollen, sollte problemlos funktionieren.

Ab 9 Monaten kann sich auch bei Ihrem Hund so etwas wie das „Halbstarkenalter" bemerkbar machen. Vieles, was bisher schon zufriedenstellend klappte, scheint mit einem Mal infrage gestellt zu sein. In der freien Wildbahn würden die jungen Tiere jetzt ihre Unabhängigkeit vorbereiten, um bald ihre eigenen Wege zu gehen. Unserem jungen Hund müssen wir klarmachen, dass er in die Regeln der Familie eingebunden bleibt und es diese Unabhängigkeit für ihn nicht gibt. Diese Hinweise sind nun keineswegs speziell aus dem Umgang mit Windhunden abgeleitet, sondern sie sind für Hunde allgemein, aber auch für Windhunde gültig.

Übrigens werden demjenigen, der manchmal seine Autorität unter Beweis stellt, alle Anzeichen viel größerer Zuneigung und Freude zuteil als demjenigen, der mit stets gleichbleibender Langmut alle Unarten seines Hundes hinnimmt. Der Hund selbst wünscht einen souveränen Rudelführer.

Autorität: „Hallo Herr(chen), Du gibst den Ton an. Was machen wir heute zusammen?" Dem Hundehalter kommt die Führungsrolle zu. Diese Aufgabe sollte er verantwortlich wahrnehmen.

tes Wort. Gegebenenfalls setzen Sie ihn an einen anderen Ort und offerieren ihm ein hundegerechtes Kauobjekt. Bei einem ganz hartnäckigen Welpen können Sie Ihrem „Nein" Nachdruck verleihen, indem Sie mit einer zusammengerollten Zeitung auf den von ihm auszulassenden Gegenstand schlagen. Dieses Geräusch ist so unangenehm für Ihren Hund, dass das Objekt meist auch später tabu bleibt. Diese Aktion ist auch schon die stärkste Erziehungsmaßnahme, die beim sensiblen Windhundwelpen überhaupt infrage kommt. Bitte berücksichtigen Sie immer auch eins: Ein Verweis hat nur Sinn in unmittelbarem Zusammenhang mit der Tat. Eine verspätete Strafe wäre für Ihren Hund unverständlich und würde nur das Vertrauensverhältnis beeinträchtigen.

Haben Sie mehrere solcher Anlässe zu Ihren Gunsten entschieden, wird später in der Regel der Tonfall ausreichen, um Ihren Hund von etwas Unrechtem abzubringen.

Windhunde fahren gern im Auto mit, besonders wenn es zum Spaziergang oder in ein Auslaufgebiet geht. Auch wenn das Autofahren zu Anfang Übelkeit hervorrufen kann, hat es noch jeder Hund gelernt.

auf ihren festen, sozusagen bewachten Spielplätzen ganz sicher fühlen konnten, ahnen sie nun instinktiv, dass sie auf der Hut sein müssen. Anklänge an dieses wölfische Urverhalten werden manche Besitzer vielleicht auch bei ihrem halbjährigen Hund feststellen.

Rückzugsmöglichkeit Auto

Gewöhnen Sie den Welpen auch an das Autofahren. Das Auto sollte so etwas wie das zweite Heim Ihres Windhundes werden. Besonders wenn es ihm übel wird und er nach der ersten Erfahrung das Auto meidet, sollten Sie ihn regelmäßig auf kurze Fahrten mitnehmen. Nur die Gewöhnung wird Abhilfe schaffen. Autofahren ist etwas, was der Hund lernen kann und lernen muss, wenn er Sie begleiten will. Lassen Sie ihn einfach auch zeitweise im Auto sitzen, ohne dass gefahren wird. Vor allem, wenn er merkt, dass am Ende der Fahrt ein erfreuliches Erlebnis wartet, zum Beispiel ein Spaziergang oder die Rennbahn, nehmen auch von Mal zu Mal die Übelkeitserscheinungen ab. Der Hund wird zum Schluss ein souveräner Autofahrer.

Würden Sie Ihren Hund in seiner frühen Jugend dagegen im eigenen Haus und Garten vor allem Fremden abschirmen oder es versäumen, die entsprechenden Übungen rechtzeitig zu unternehmen, dürften Sie sich nicht wundern, wenn er sich später außerhalb scheu und verklemmt zeigt.

Autorität

Von Anfang an sollte der Welpe wissen, dass Sie, seine Bezugsperson, ihn nicht nur füttern, streicheln und mit ihm spielen, sondern dass Sie auch Grenzen setzen können. Der Welpe, wenn er normal und gesund ist, ist voller Taten- und Entdeckerdrang, auch in der Wohnung. Dabei geraten viele Dinge zwischen seine Zähnchen, die wir ihm nicht überlassen können. Manche Besitzer können nach Abschluss der Entwicklungsphase ihres Hundes eine ganze Liste von reparaturbedürftigen Stellen in ihrer Wohnung aufzählen. Damit das nicht passiert, ist Beaufsichtigung erforderlich, Spielangebot und Bewegung im Freien.

Abbruchsignal

Wenn Sie sehen, dass Ihr Welpe gerade die Teppichfransen zerkaut oder Ähnliches, geben Sie einen lauten und energischen Verweis, zum Beispiel „Nein!" oder „Aus!". Einigen Sie sich in der Familie auf ein bestimm-

Die Gewöhnung an die Leine ist die erste Voraussetzung, dass der junge Galgo-Welpe die so wichtigen ersten Ausflüge in die Umwelt unternehmen kann.

Umwelt kennenlernen

Wenn Sie einen Hund heranziehen wollen, der wach und interessiert ist, der gelassen auf die verschiedenen Umwelteinflüsse reagiert, so lassen Sie ihn rechtzeitig viel Neues kennenlernen. Sein erweitertes Umweltbild entsteht aus den Eindrücken, die Sie ihm bereits in den ersten Monaten vermitteln.

Lassen Sie ihn an der Leine eine belebtere Straße entlangspazieren. Machen Sie ihn mit den Verkehrsgeräuschen und dem Leben und Treiben in der Stadt bekannt. Führen Sie ihn in ein Geschäft und fahren Sie mit ihm eventuell einmal in einem städtischen Verkehrsmittel, wenn das für ihn später wichtig sein sollte. Einige gezielte Erlebnisse im richtigen Alter erfüllen ihren Zweck und führen zu dem gewünschten Erfolg.

Erlauben Sie ruhig anderen Leuten, ihn anzufassen. Hier kann er in seiner Jugend nicht genug positive Erlebnisse sammeln. Die Fähigkeit zu unterscheiden und eine natürliche Zurückhaltung bilden sich in aller Regel im Laufe des Erwachsenwerdens von selbst aus.

Kaubedürfnisse

Welpenart ist es auch, die Umwelt mit den Zähnchen „zu erfassen". Diese sind seine Greifwerkzeuge, ähnlich flink wie die Hände eines kleines Kindes auf Entdeckungsreise. Der Welpe beknabbert Dinge einmal als Kiefertraining, dann aus Neugier, alles zu testen, oder er zerstört aus Langeweile.

Für seinen spielerischen Knabberdrang sollten Sie immer geeignetes Material bereithalten, zum Beispiel Lebensmittelkartons (wegen der ungiftigen Farben) zum Zerreißen (das hat einen Rieseneffekt und macht viel Spaß), Kauknochen aus Büffelhaut, gedrehtes Seil, einen großen Fleischknochen, mit dem er sich lange beschäftigen kann, oder einen Kalbsknochen zum Aufraspeln. Auf diese Weise vermeiden Sie, dass er sich langweilt und sich unerwünschte Gegenstände zum Zerbeißen vornimmt.

Erlernte Vorsicht

In der Natur kämen die Jungtiere ab fünf Monaten in die sogenannte Rudelordnungsphase: Sie werden nun vom Rudelführer zu Unternehmungen mitgenommen und in neue Gebiete eingeführt. Allerdings werden sie jetzt auch im Wesen kritischer und vorsichtiger bei möglichen Gefahren. Während sie sich vorher unter dem Schutz der Eltern

Freundschaftliche Bande zwischen Windhund und der eigenen Katze sind gut möglich. Die Sloughi-Hündin und die Abessinier-Katze haben Parallelen im Wesen. Windhunden wird allgemein etwas Katzenartiges nachgesagt.

Weitere Spielmöglichkeiten

Das vorbereitende Spiel für die spätere Rennlaufbahn Ihres jungen Windhundes ist, einen Lappen an eine Schnur zu binden und vor ihm herzuziehen. Er wird mit Begeisterung das Nachlaufen und Fangen üben. Wie bei allem gilt auch hier: nicht übertreiben.

Der Welpe darf spielerisch bereits erfahren, wer der psychisch und physisch Überlegene ist – wobei natürlich auch seine „Erfolgserlebnisse" nicht zu kurz kommen dürfen, zum Beispiel das Erbeuten des Gegenstandes, um den gerangelt wurde.

Durch Spiel und gemeinsames Unternehmen wächst die Bindung zwischen Ihnen und Ihrem Hund. Diese Bindung und die Gewohnheit des gemeinsamen Tuns ist auch die Grundlage für jede spätere Lernübung.

Sozialkontakte

Ihr Welpe soll auch Verbindung zu anderen Hunden aufnehmen können, wenn Ihnen solche begegnen. Vergewissern Sie sich vorher, dass es sich um freundliche, wesenssichere Tiere handelt. Wenn Ihr kleiner Hund aus einer Zuchtstätte stammt, wo er in Kontakt mit erwachsenen Tieren aufwuchs, kommt ihm das zugute. Ansonsten müssen Sie insbesondere die Zeit zwischen seiner 8. und 12. Lebenswoche zu Spielbegegnungen mit anderen Hunden nutzen, denn nur in dieser Phase kann der Welpe die Besonderheiten im Sozialverhalten gegenüber anderen Artgenossen lernen. Mangelt es an Spielpartnern in Ihrer Umgebung, können Sie auch sogenannte Welpenspielstunden besuchen.

Noch nimmt es der Mensch gelassen, dass ein kleiner Welpe alles mit seinen Zähnchen begreifen will. Auf die Dauer dürfte die Nase jedoch „tabu" werden.

Es ist vorteilhaft für seine weitere Prägung, wenn der Windhundwelpe schon frühzeitig Kontakt mit anderen Hunden und Tieren aufnimmt.

besten im Freien nachkommen, im Garten oder auf einem geeigneten Gelände, wo er gefahrlos frei laufen kann.

Die Hundegeschwister spielen miteinander, indem sie ihre Kräfte messen. Sie jagen sich, sie packen und ziehen sich und machen Ringkämpfe, was ihnen nicht sonderlich wehtut.

Spielregeln

Spielpartner für Ihren Hund sind jetzt Sie! Sollten Sie anfänglich ab und zu die spitzen Zähnchen Ihres Hundekindes zu spüren bekommen, denken Sie daran, dass es das keineswegs böse meint oder Sie verletzen will. Es hat nur noch nicht das richtige Maß. Respektlosigkeit beim Spiel brauchen Sie aber nicht zu dulden. Wenn Ihr Hund im Eifer allzu fest zubeißt oder Kinder zu heftig anspringt, sollten Sie abbrechen. Er wird sich das merken. Funktionieren Sie das Spiel um: Halten Sie ein Holz oder einen Lappen für ihn fest, um den er spielerisch zerrend mit Ihnen balgen kann. Werfen Sie einen Ball. Geben Sie ihm weitere Spielimpulse.

Ein kleines Kind und einen Welpen lassen Sie niemals ohne Aufsicht miteinander spielen, denn die Möglichkeiten, sich gegenseitig wehzutun, sind zu vielfältig. Auch wenn es noch so niedlich aussieht, die Harmonie ist schnell gefährdet. Da der Hund sehr viel rascher größer und „vernünftiger" wird, wird man auf die Dauer den Schutz mehr zugunsten des Hundes ausüben müssen. Auch wenn ein Hund noch so gutmütig ist, kann es vorkommen, dass er instinktiv eine heftige Abwehrreaktion ausführt, besonders wenn ihm das Kind während des Tiefschlafs einen plötzlichen Schreck oder Schmerz zufügt.

der sich erst später über ein entdecktes Malheur aufregt, wird ihm dieser Mensch verleidet, weil er ihn nicht versteht.

Es ist ein erheblicher Lern- und Erziehungsprozess, bis aus dem vorwitzigen, unbekümmerten Jungwelpen ein respektvolles, seine Grenzen kennendes und die Regeln anerkennendes Rudelmitglied geworden ist. Das Jungtier fühlt sich wohl in dieser Ordnung. Sein freudig respektvolles Verhalten den älteren Tieren gegenüber zeigt es deutlich. Dafür, dass es sich eingliedert, genießt es Geborgenheit und die Gemeinschaft des Rudels. Es wird mit ihm gespielt, es wird gepflegt und betreut von den älteren Angehörigen der Sippe. Es darf sogar einen gemeinschaftlichen Schlafplatz beziehen.

Erziehung wie im Rudel

Warum sollten wir nicht aus dem natürlichen Verhalten der Hunde untereinander Anregungen beziehen für ein normales, unkompliziertes Miteinander mit unserem Hund?

Das, was er bereits beim Züchter gelernt haben muss, ist der selbstverständliche Umgang mit Menschen. Die sogenannte Prägung auf den Menschen erfolgt ab der 3. Lebenswoche.

Das, was der junge Windhund bei Ihnen im neuen Zuhause lernen soll, ist,
- dass Sie von übergeordneter Stellung sind.
- dass Sie ihm etwas verbieten können.
- dass Sie ihn zu etwas auffordern können, vor allem dazu, dass er kommt.
- Darüber hinaus sollten Sie ihm ermöglichen, einen normalen Umgang mit anderen Hunden einzuüben bzw. weiter zu pflegen, und Sie sollten ihn gezielt in die Umwelt einführen.

Spiel

Ein Welpe wird täglich noch viele Stunden verschlafen. Sobald er jedoch aufwacht, verwandelt er sich in ein Energiebündel voller Spiel- und Bewegungsdrang. Seinem Bedürfnis, zu rennen und zu springen, sollte er am

Viele Spiele zwischen Erwachsenen und Jungtieren haben auch einen erzieherischen Effekt. Es ist faszinierend zu beobachten, wie schnell die jungen Hunde die Spielregeln des Lebens erlernen.

Was ein junger Windhund lernen soll

Was ein junger Windhund lernen soll

Dass wir einen Windhund keiner Dressur unterwerfen und grundsätzlich eine Portion Individualismus bei ihm akzeptieren, das sollte bereits zu Beginn dieses Buches deutlich geworden sein. Dennoch sollen und müssen wir die Jugendzeit unseres Windhundes dazu nutzen, ihn zu einem angenehmen, integrierten Mitglied unserer Familie zu machen. Die Erziehung besteht nicht aus Befehl und Gehorsam. Erziehung in einer Partnerschaft von Mensch und Hund heißt, sich dem Partner Hund so verständlich zu machen, dass man damit die gewünschte Verhaltensweise erreicht.

Der natürliche Lernprozess im Rudel

Auch unter natürlichen Bedingungen wird der junge Hund bereits ab dem frühen Alter von acht Wochen zu einem brauchbaren Glied des Hunderudels erzogen. Wenn wir persönlich das Verhalten unserer Sloughis beobachten, die in einer Gruppe aus Tieren jeden Alters zusammenleben und ein großes Naturterrain zur Verfügung haben, lassen sich daraus verschiedene Erkenntnisse beispielhaft ableiten: Im Rudel herrscht ein festes Gefüge, und der Welpe lernt bald, sich in diese Ordnung einzupassen. Es gibt Autorität und Disziplin, die vom Rudelchef täglich ausgeübt werden, und entsprechende Rituale und Handlungen zwischen ranghöheren und rangniederen Tieren. Es gibt Tabus dergestalt, dass das Kauholz oder Ähnliches des führenden Tieres nicht angerührt werden darf. Dagegen kann der Rudelchef von jedem Tier das Abgeben seines Beutestücks verlangen, was in regelmäßigen Abständen durchgespielt wird. Das ranghöhere Tier veranlasst das rangniedere zum Freimachen eines begehrten Platzes. Sind die Positionen einmal abgeklärt, genügt ein Blick oder ein leichtes Knurren als unmissverständliche Aufforderung.

Spiel mit Sinn und Zweck

Dabei gibt es viel Spaß miteinander und Spiel, das dem Kräftemessen dient, Spiel als soziale Kontaktpflege, wenn beispielsweise das ranghöhere Tier das rangniedere gezielt dazu auffordert, oder Spiel mit erzieherischem Effekt, wie das raue, eindeutig zweckgerichtete Spiel der Mutter mit ihren gerade lauffähigen Kindern. In dieser ersten Übung lernen die Welpen bereits Überlegenheit kennen. Sie üben Unterwerfung unter die Mutter und rechtzeitiges Aufgeben und Deckungsuchen.

Klare Körpersprache

Wenn ein älteres Tier einen Welpen maßregelt, erfolgt eine kurze, aber energische Korrektur, wobei das Alttier selbst wie unbeteiligt erscheint. Der Welpe bringt so sein Tun und die Folgen unmittelbar in Verbindung und lernt daraus. Wir können daraus für unsere eigenen Erziehungsversuche ableiten, dass eine solche Aktion nur Sinn hat, wenn die Konsequenzen den Welpen im Moment der „Untat" ereilen. Wenn der Welpe einen schreienden, tobenden Besitzer erlebt,